怪诞心理学

薛 冰◎著

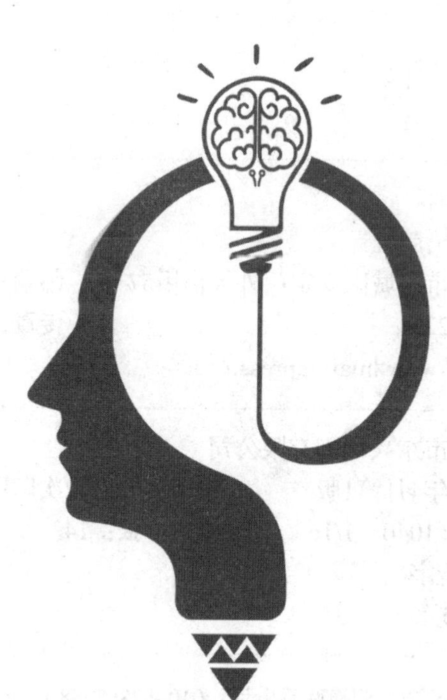

责任编辑：李英卓
责任印制：李未圻
封面设计：颜　森

图书在版编目（CIP）数据

怪诞心理学 / 薛冰著. --北京：华龄出版社，2016.12
ISBN 978-7-5169-0817-4

Ⅰ.①怪… Ⅱ.①薛… Ⅲ.①心理学分析－通俗读物
Ⅳ.①B84-49

中国版本图书馆CIP数据核字（2016）第323315号

书　　名：怪诞心理学
作　　者：薛冰　著

出 版 人：胡福君
出版发行：华龄出版社
地　　址：北京市东城区安定门外大街甲57号　　邮编：100011
电　　话：58122254　　传真：58122264
网　　址：http://www.hualingpress.com

印　　刷：三河市东兴印刷有限公司
版　　次：2018年4月第1版　　2019年5月第2次印刷
开　　本：710×1040　1/16　　印　　张：14
字　　数：140千字
定　　价：32.00元

（如出现印装质量问题，调换联系电话：010-82865588）

前言

你有没有想过，自己的人生或者生活为什么会是现在这样的？我们不是在谈论好坏，而是在谈论事物存在的本质。我们的双眼能看到的是物质世界的“皮肤”，但是，这个世界的真相是什么样的呢？

人生有两大悲剧：一个是没有得到你心爱的东西；另一个是得到了你心爱的东西。人生有两大快乐：一个是没有得到你心爱的东西，于是可以寻求和创造；另一个是得到了你心爱的东西，于是可以去品味和体验。

我们常态和非常态的生活，我们对人类本质的了解与无知，不正是这样的写照吗？

我们知道人类的情绪变幻莫测，但是为什么会这样？为什么有人易躁易怒而有人淡定冷漠？如果说情绪是发自内心的一种情感，那为什么身体行为可以影响情绪，外在环境也可以反弹情绪呢？

如果说我们用这个身体感知的世界是真实的，那我们为什么对这个世界会有错误的认知或者错觉呢？到底是物质世界出了问题，还是大脑内部有了偏差？我们此时此刻看到的、听到的、尝到的东西，是否真的是客观事实的体现？

我们想吃所以会拿食物，我们想走所以会站起来走动，我们想交朋友所以有交友行为……这样看起来，似乎我们的行为都是自己的意志体现，但是，你能确保你的行为就是你“心中所想”吗？你能保证自己没有在无形中被“不属于自己的大脑”和“外在的环境”催眠和绑架吗？

前言

这个世界上让我们觉得神奇诡异的事情很多，就连最习以为常的“梦境”也会让人觉得匪夷所思。我们都觉得做梦很正常，但为什么会做梦呢？这些梦和我们的现实生活都有什么关系？作为意识，梦是否有脱离人类躯体的思考维度？梦的存在代表了什么？

我们可以再来说说一个永恒的话题——爱情。我们觉得爱情就像是一团燃烧在心中的火，这团火因为人们彼此相爱并投入感情而越烧越旺。但是，这团火的本质是什么呢？是由什么东西点燃的呢？为什么会存在呢？这团火是真实意志的体现还是受环境影响而产生的呢？

……

你看，总有一些奇奇怪怪的问题，我们不仅无法回答，反而越思考越会陷入一团乱麻之中。而这些让我们大呼奇怪的话题正是我们在这本书中要探讨的。

在这里，我们想要阐述的是一个世界的真相，无论是物质世界还是意识世界，很多严谨的知识就隐藏在玄妙的现象之中。我们通过讲述过去的、现在的、经典的、通俗的故事，再搭配最原汁原味的心理分析，烹饪出一本有趣的心理学读本。我们尽量避免不必要的文字，把最有意思的话题和最有味道的内容展示给读者朋友。

虽然，我们没办法让大家读完本书后就全面了解心理学的体系，但是，我们会帮大家建立起一种更为深入的思考模式和思维方式——这个世界并不简单，也并不仅仅是我们感受到的那样，它存在更深层次的话题性。

如果能做到让读者朋友喜欢，是我们的荣幸，也欢迎读者朋友们批评指正。

第一章

大脑骗局——谁在撒谎

第二章

暴走情绪——理性去哪儿了

第三章

感官大作战——看见味道，听见温度

第四章

乌合之众——人是社会性的“动物星人”

第五章 意志加速中——谁在谋杀自控力

第六章 奔跑吧，脑洞——梦的解析

第七章

超能心战队——超现实的世界

第八章

伪心理学——心理呓语的迷思

第九章

原罪时刻——理智向左，疯狂向右

第十章

捉妖记——病态人格在作祟

第十一章

天黑请闭眼——“恐惧症”来袭

第十二章

我是上帝——灵性的修养

大脑骗局——谁在撒谎

隐形感官：第六感和直觉

所谓的第六感，就是视觉、听觉、嗅觉、触觉、味觉之外的第六感“心觉”。通常我们都是通过感官（五感）包括眼（视觉）、耳（听觉）、鼻（嗅觉）、舌（味觉）、肌肤（触觉）来感知外在的世界，但也有一些人提到，我们拥有第六感，能够超感官感知周围事物。

勤文像往常一样下班回家，等电梯的时候，电梯门打开，一个陌生男人已经在里面了。勤文迟疑了一下，这时候男人脸上露出夸张的笑，问道：“上去吗？”一瞬间，勤文突然觉得心里抽搐了一下，身上还起了一层鸡皮疙瘩。不过，她看电梯里的这位先生并没有什么不得体的举动，要是自己不上去显得不大礼貌。于是，她像往常一样上了电梯。结果，在电梯里她被强奸了……勤文报警后，在做笔录的时候，她才忽然意识到，其实几天前自己就注意到这个人了，他总在自己的小区附近闲逛……

为什么勤文的身体能够“感应”到情况异常，并提前做出反应呢？是不是勤文拥有自己没有察觉的第六感呢？还是她具备某种超能力，能预知未发生的事情？

其实，仔细留意一下我们的生活，这种第六感或说是直觉，是普遍存在的。比如，我们走进一个房间，会不自觉地观察、探知周围环境，并且从细节上对陌生环境做出判断，并迅速形成一个整体的印象，只不过我们很难用语言具体描述这种印象。另外，我们准备做事情时，会预料到有可能发生的意外情况，而在我们进行的时候，真的发生了！

许多人认为，第六感或直觉超出了一般的视觉、听觉、触觉等的范围，是神秘的、无法解释的。

事实上，直觉和第六感背后是有原因的。

首先，相对理智来说，我们身体的感性要敏锐得多。就像上面的勤文见到男人夸张的笑容，身体就做出了排斥反应，这就是一种直觉预警。如果勤文没有用理智去掩盖直觉，也许就可以避免这场灾难。

其次，我们的潜意识时时刻刻搜集着信息，可能在我们还没有察觉的时候，潜意识已经通过这些信息得出结论，让我们谨记在心。就像勤文在事件发生前无意识地搜集了“那个陌生男人在小区附近闲逛”的信息，于电梯中遇到他时，记忆中的排斥情绪被“激发”，身体也就产生了排斥感。

事实上，在这些事情的背后，都有大脑无形的运作。我们得到的直觉，更多的是大脑依据生活经验对“信息”进行推演的结果。这个过程是大脑感知区域进行的，而不是认知区域，所以我们并不能理解为什么是这样，却实实在在地觉得会是这样。

关于这个问题，17世纪的哲学家兼数学家帕斯卡说过这样一句话：

“心灵活动有其自身的原因，而理性却无从知晓。”如今，这一观点已被证实，并且得到了进一步的确认。要知道，在我们的思维中，自动发生的那部分要比主动的那部分多很多，我们是难以把握这些自动思维的。而这些自动思维的外显，便构成了生活中的直觉。

生活为我们的直觉提供了“土壤”。当我们面对危险的时候，大脑会从那些已经经历过的“生活”中给我们一些警告。比如，当我们害怕某个人的时候，身体就会在大脑的支配下，出现一系列不舒适的信号：起鸡皮疙瘩、手心出汗、胸口发冷、恶心等。相反，如果我们面对某个安全人物，身体就表现得比较放松，比如胸口感到温暖、肩膀放松等。

由此看来，直觉并不是随时都能帮我们做出判断的。只有我们先积累一定的生活经验，才能对新情况迅速做出反应。也可以说，直觉是我们长期积累的结果。这就是为什么象棋大师一眼就可以看出哪一颗是关键的棋子，而新手却要经过很长时间的磨炼，才会有这样的直觉。除了生活，心理学家提出下面一些锻炼和启发直觉的小窍门：

（1）质疑日常的思维方式和对传统问题的处理方法。

（2）回忆自己的经验。

（3）积攒勇气去冒险。

（4）随身携带一个小本子，捕捉自己瞬间的猜测，记下来。

（5）让思维紧张。

（6）与其他人交流。

（7）详细地陈述问题。

总之，第六感或直觉也是感官功能的一种，如果我们能科学对待、努力训练，让自己的感知能力更全面、更敏锐，那么当我们处于两难之中，用知性和理智难以解决问题的时候，也许直觉可以派上用场，帮我们做出一个真正符合自己心理需求的选择。

幻听：大脑病了乱发指令

在手机没有设置振动功能的情况下，你能感受到自己的手机在振动吗？那种“吱吱”的吵闹声，像小虫子在叫一样，甚至你的身体也感受到了一种持续的轻微的震颤。正常人很少有这种体验，可是在心理咨询与治疗室，这样的诉说并不是稀罕事。

2015年5月29日，中国台湾台北市北投区文化小学一名女童在校内厕所遭人割喉，命危送医急救。嫌疑人龚某在案发后被台北市警局北投分局逮捕，他声称是因为压力太大，甚至出现了幻听，才进入自己的母校实施犯罪。之后，女童抢救无效，宣告不治。而龚某以杀人罪被判处无期徒刑。

龚某杀害女童后不断说自己有幻听，常常会听到有人在旁边嘲笑他，或是叫他去“做一些事情”。他说，犯案有助于解决幻听问题，他现在不会再听到“外界骚扰的声音”了。

如果龚某所描述的幻听情形属实，那么，该情况就有别于我们普通人的耳鸣、手机未振动却似乎听见之类的幻听现象，很可能是心理学上的“偏执型精神分裂症”。这种症状在性格上的表现是懈怠懒惰、逃避现实、孤僻且有些畏畏缩缩；在行为上则比较明显地表现为机能性幻听（某种真实的声音出现时也会响起机能性语言幻听）和评论性幻听（有幻声在评论其行为举止），而且还可能出现一种情况，就是总有一个不属于自己的声音讲出自己心里想的事情，如同读心术一般。

幻听就是现实环境中根本没有这种声源，患者却实实在在地感知到了某些声音。一般的幻听患者听到的声音主要是人的说话声，比如经常听到有人在旁边喊他的名字。通常，人在过度疲劳、精神极度紧张和惶恐等情况下，容易出现幻听。

当然，以上提到的怪现象只是幻听的部分症状。心理学家经过大量心理学和医学上的临床观察，总结出了幻听病人的一些症状。早期时，幻听出现次数较少，幻听的虚幻程度较接近真实世界；随着疾病的发展，幻听就走向了极端，幻听频率增加，内容丰富多变，离奇古怪。在大量的虚幻刺激下，患者的精神能量逐渐耗竭，于是再也没有能力分辨现实与虚幻，他们眼中的生活就像一个梦幻的世界：天空可能一分为二，大地可能如野兽在奔跑，窗外的小鸟在对他下达某些神秘的命令……通常情况下，幻听患者听到的语言多是针对他们自己的，大部分是对他们的议论、批评、命令、攻击等。在这些声音的主导下，患者可能伤害别人或自己。这个时候，患者对于社会来说就成了危险分子，需要到精神病院接受单独隔离治疗。

幻听病情严重后，患者还会出现和虚幻声音争吵的行为，但在我们看来，他只不过是在自言自语，同时伴随脸部肌肉痉挛、精神起伏剧烈等情形。精神分裂症的幻听，往往随疾病发展而加重。经过治疗后，幻听随病情好转而逐渐减少，直到最后消失。而幻听的重新出现，往往预示着病情的反复。

此外，幻听的临床表现还分为假幻听和真幻听。通常假幻听患者认为声音不是来自外部，而是来自他们身体内部，比如他们的腹部、头部等，他们会指着自己的肚子说："你听，他们在开会，商量如何杀死我呢！"真幻听则相反，患者可以清楚地说出，声音是通过他们的耳朵听来的，声音真实存在，他们会说："你听，就在

门口，那个男人又开始骂我了。”精神分裂症患者的幻听大多数为真幻听。

了解各种幻听的怪现象之后，我们不禁要问，幻听是怎样产生的呢？为什么这些奇怪的声音，会混淆我们的听觉呢？

心理学家认为，幻听是大脑听觉中枢对信号错误加工的结果。我们生活在一个充满声音刺激的世界，正常人对不同的声音可以进行合理加工，而幻听患者却在加工和解释这些声音时出现了偏差。幻听者对声音世界进行了主观改造，这是加工系统混乱造成的，比如将声音刺激和过去的记忆混淆，导致时间感混乱，内外世界混乱，从而对声音来源的判断失误，出现怪异的行为。

综上所述，如果我们常常感觉手机在振动，实际却什么也没发生时，可不要轻易一笑了之，而应慎重对待。如果还伴有其他的幻听现象，应尽快去心理咨询中心或精神治疗场所就诊，将症状遏制在初始阶段，不要让事实上并不存在的声音打乱了我们原本正常的生活。

贾宝玉：这个妹妹我曾见过的

在我们的生活中，不管是看人、看事还是看景，经常会有“似曾相识”的感觉。也就是说，在现实环境中（相对于梦境），我们会突然感到自己曾经亲身经历过某种画面或某些事情。在心理学上，这种体验被称为“既视感”。

《红楼梦》中，宝玉与黛玉第一次相见的场景是这样的：

宝玉看罢，笑道：“这个妹妹我曾见过的。”

贾母笑道："可又是胡说，你又何曾见过她？"

宝玉笑道："虽然未曾见过她，然我看着面善，心里就算是旧相识，今日只作远别重逢，亦未为不可。"

宝玉在黛玉身上找到了似曾相识的感觉，这种经历几乎在我们每个人身上都发生过，比如有些人第一次见面就莫名地觉得亲切和熟悉，仿佛已经认识很久了。为什么会出现这种情况呢？是不是真如一些人所说的，有前生往世存在呢？

关于这种体验出现的原因，我们尚且无法得出定论，但医学家和心理学家提出了下面一些观点，可以在一定程度上解答我们心中的疑惑。

首先，似曾相识源自大脑的错误储存。医学上对"似曾相识"有这样一种解释：每个人的大脑都有一个记忆缓存区域，当你看到一些事情的时候，会把这些记忆先放到缓存区里面。但有的时候，大脑会把这些记忆储存到错误的地方——历史记忆区。于是，当我们看着眼前的事情时，就会感觉自己好像经历过一样。尤其当我们疲劳的时候，这种现象更容易发生。

其次，似曾相识是过去的记忆惹的祸。心理学家认为，似曾相识感的出现可能是因为我们接收了太多的信息而没有注意到信息的来源。生活中，我们经历的事情很多很多，有些我们会刻意记下来，也有一些我们不会在意，这些记忆就变成了无意识的记忆。当我们面对新的事物和情景时，这些事物会刺激我们储藏在大脑中的一些记忆，过去的记忆与现状相匹配，于是，似曾相识的感觉便产生了。

最后，似曾相识是现实与虚拟信息的产物。也有一些心理学家认为，我们未必都真的经历过那些"相匹配"的事情。但是，我们做过相似情节的梦，或看过相似情节的小说、电视、电影等，它们通过各种虚拟的场景，给我们提供“相匹配”的信息。于是，当我们面对与这些虚拟信息相符合的场景时，便会突然想起这些梦，或者是小说、电视、电影的情节。这样，便产生了似曾相识的错觉。

这也是对于那些经常在外旅游、喜欢电影小说和想象力丰富的人，似曾相识的感觉在生活中来得更加频繁的原因——他们的信息来源远远比其他人多。

除了以上这些人容易产生似曾相识的感觉，有关研究还发现：

第一，情绪不稳定的人更容易出现似曾相识感。这是因为与情绪相关的记忆我们更容易记住。同理，曾经的恋人在很多年后，还记得分手前说过的话、经历的事，甚至连一个细微的动作也记得清清楚楚。

第二，青年人和更年期的人，相对于年幼和年老的人，更容易出现“似曾相识”的感觉。这和人体的内在状况有很大关系，由于内分泌失调，情绪不太稳定，记忆也就变得活跃起来，那些无意识的记忆，不需要去想，就可以深刻地映现在我们的脑海中。

值得注意的是，强烈、过于频繁的“似曾相识”并不好，它意味着储存记忆的脑细胞正遭受着强烈的刺激，而这很可能是癫痫的前期症状。在生活中，我们要细心体察自己的情绪和感觉，学习相关的心理学知识，当出现奇怪的感觉时，才能给自己一个科学的解释。就像对待似曾相识的感觉，既不要将其说得玄乎其玄，也不要忽略其存在，如果频繁出现这种感觉，那么，及时咨询有关心理专家才是最安全的做法。

软心豆糖综合征：逻辑无济于事

“思维”与“情感”之间的冲突，可能会让聪明人做出愚蠢，甚至是不可理喻的举动。

马萨诸塞大学的心理学家曾做过一个实验：他们把软心豆糖分别装进一个大碗和一个小碗。大碗装有100粒软心豆糖，在每一轮实验中，白豆糖的数量始终保持在91～95粒，其余均为红豆糖。小碗装有10粒软心豆糖，并且始终保持9粒白豆糖和1粒红豆糖的组合。参加实验的人只要能从任何一个碗中取出一粒红豆糖，就可以得到1美元。但是，实验人已经事先提醒实验对象：小碗中10%的豆糖是红豆糖，而大碗中红豆糖的比例不超过9%。每个人在尝试取出红豆糖之前，都要摇动两个碗，然后用遮蔽物把碗遮盖起来，这样，实验对象在取豆糖的时候，就看不到豆糖的颜色。

使用思维系统进行分析性思考的人，往往会选择小碗，因为小碗提供的成功概率始终保持在10%，而从大碗中抓出红豆糖的概率永远不可能超过9%。但是，在这个实验中，最终有将近2/3的人选择了从大碗取豆糖。

这个实验证明，有时候，思维系统提供的逻辑和概率根本无济于事。一名实验对象对研究人员说：“我之所以选择红豆糖数量更多的碗，原因很简单——虽然这个碗里的白豆糖也更多，从百分比上看也不利于取到红豆糖，但我还是觉得，红豆糖越多，取出红豆糖的机会就越大。”

马萨诸塞大学的西摩·爱普斯顿和韦罗妮卡·德内斯拉贾认为，实验对象“欣然承认自身行为的非理性……尽管他们知道，从概率上说，大碗的成功概率更小，但他们觉得，红色豆糖越多，成功的机会也就越大”。

用术语描述软心豆糖综合征，那就是分母盲目性（denominator blindness）。所有分数无非都是这样的形式：分子/分母。同样，如果用最简单的话解释每项投资给我们带来的影响，也都可以表述为如下形式：收益或损失的金额/你的财产总额。

这是情感战胜思维的后果，而相反的，在另一些情形中，我们却忽视情感直觉的作用，只凭思维系统做判断。

比如，我们的购物车堆积如山，该如何计算这些日用品到底会花费多少呢？在进行直觉性估计的时候，如果现在购物车的商品大约比平时多出30%，反射系统就会按平时花销的1.3倍计算目前的采购成本。几秒钟之后，直觉就会告诉我们：这次大概要花掉100元。但是，如果我们用大脑的思维部分计算总花费时，结果会怎样呢？我们肯定会对购物车里所有商品的价格进行加总计算，最后，在费尽心机地尝试回忆每种商品的价格之后，却发现大脑已经乱作一团，于是只好放弃。

为什么会发生这种思维错乱呢？

计算神经生物学家认为，思维系统依赖于“树状搜索”（tree-search）过程。这种处理方法的名称源于传统的树状决策过程，比如说，在国际象棋的棋盘上，每多走一步，未来可能采取的选择就越多。在思考过程中，为了得出结论，我们的思维系统将不遗余力地在纷繁复杂的经历、预测和结果之间进行筛选，就像蚂蚁为了寻找食物而在树枝上爬上爬下、来来去去一样。所以，在计算购物花费时，树状搜索方法是否成功，取决于我们的记忆力强弱以及被衡量事物的复杂性高低。一旦需要衡量和记忆的东西太过烦琐，我们的思维系统便容易出错。

由此可见，只凭情感、直觉，或者盲目依赖思维系统，最终的结局往往就是“只见树木不见森林”，糊里糊涂做出错误判断。在遇到问题时，我们要先系统地思考，将思维和直觉有机结合起来，才能找到最优解，从而正确而高效地解决问题。

脑囧——选择性记忆的魔力

有时，人们回忆起自己过去的某种痛苦经历，会这样说：“时间真是个好东西！当时我以为自己再也不可能走出来，但现在想来就觉得不过如此。”说这话的人其实已经淡忘了过往。

其实，这种淡忘不是时间的作用，而是记忆选择性地遗忘了我们心中不想记住的细节。选择性记忆是传播学中受众选择性理论的一部分，它是指受众总是根据自己的需求，在已被注意和理解的信息中挑选对自己有价值的信息储存在大脑中。也就是说，人们往往只记忆对自己有利的信息或自己愿意记的信息，“主动”遗忘其余信息。

我们以上下电梯为例，进一步说明人们的记忆与心理。

一群人正站在电梯口等候，过了一会儿，电梯的门开了，等人们进了电梯，电梯操作员把门关上了。电梯里除了电梯操作员，还有12个人。每当电梯门打开时，电梯操作员总是特别注意上下电梯的人数：

2人下　3人上

3人下　4人上

8人下　6人上

4人下　3人上

6人下　12人上

7人下　4人上

这时，如果有人问电梯操作员电梯停了几次？恐怕他会很无语，因为他只注意到了上下电梯的人数。

事实上，如果我们照样做一次，大概多数人也不会注意电梯停了几次。因为大脑在记忆进出电梯的人数时，就不会注意电梯停的次数，没有注意的事就忘掉了。换句话说，我们只记住了“打算”记忆的事情。这就是选择性记忆。

张旭是一名高中生，在这个青春萌动的年纪，他喜欢上了一位同班女同学，悄悄打听了不少关于她的信息，比如，她的生日是3月21日。

自此以后，不可思议的事发生了：每当张旭无意中看手表时，时间一定与1、2、3这三个数字有关，比如1点23分、12点3分、3点21分等。

为什么每次看手表，刚好都是与1、2、3有关的时间？张旭很认真地思考这个问题，心想这绝对不是偶然，一定隐藏着什么含义，甚至有什么启示。

张旭的这种情况也属于选择性记忆。他在一天当中会看好几次时间，但是只有看到的时间与1、2、3这三个数字相关的时候，他才会记得特别清楚，而当看到的时间与这几个数字无关时，比如5点45分，他甚至会忘了曾经看过手表。

我们的记忆会刻意留下感兴趣的记忆，其他无关紧要的事就会被忘记。当然，它们还留在潜意识里，只不过我们想不起来。

我们在日常的生活工作中可以利用选择性记忆的魔力，通过制定长远的或短期的明确目标来提高记忆效率，目标越具体越好。

另外，我们还可以把当前的学习和未来的应用联系起来。善于根据不同的学习内容，提出具体的记忆任务，明确“记什么”“记多久”“记到什么程度”，从而增强记忆效果，提高学习和工作效率。

被扭曲的记忆

准备出门，却忘记了钥匙放在哪里；在回家的路上忘记取干洗店里的衣服；明明记得把衣服放进了柜子，却在沙发上找到了；碰到一个原本认识的朋友却无论如何记不起他的姓名……

诸如此类的事件经常发生在我们的生活中，是我们的记忆出了差错吗？实际上，人们的记忆信息并非现实的复制品，每次回忆都是主观意志对信息重新加工的过程。记忆真的没有想象中那么可靠。

杰克和彼得在同一所体校，还是一个球队的成员，但杰克已进入球队两年，而彼得刚加入。一次，两人因为一点小事动起手。两人都被叫到校教导处询问事由。彼得回忆到杰克掐他的喉咙，至少有一瞬间抓住了他脖子的前部，直到助理教练来了才把他们拉开。

杰克则生气地说，彼得先动手打了自己，后来是他自己先停了手，事件才没有进一步恶化。杰克与彼得各执一词、争执不下，于是学校调取了事发地点的监控视频。

视频显示，助理教练没有像彼得说的那样将他们分开，彼得也没有像杰克所说的那样先动手，而只是在训练中不小心碰倒了杰克。

虽然彼得的记忆发生了变化，但却不是毫无规律可循，至少遵循了他固有的思维方式和原有的知识经验。

在看到视频后，彼得说道：“我清楚地记得发生了什么，这段视频也证明发生了什么。我想，这样的场面对于我来说实在是太突然，直到现在我仍不认为我做了什么出格的事情。大家从视频中已经看到了，我并没有撒谎。当大家都过来拉开我们时，教练站在离我5英尺的地方，所以我记得是助理教练把杰克拉开了。”

为什么杰克和彼得两个当事人的回忆如此不同？可能是记忆发生了扭曲，也可能是他们对记忆的细节重新进行了阐释，总之已经与实际情况不相符合了。

客观地说，杰克与彼得的记忆都是不准确的，他们的记忆信息是经过各自大脑加工再处理的结果。在监控视频出现之前，杰克表示，他没有对彼得做出什么粗暴的行为，正如同他从来没有对其他队员做出粗暴行为一样。

对于杰克来说，这个事件实在没有什么大不了的，训练中类似的事件经常发生。在杰克看来，训练课上有一些身体接触是必不可少的，例如，如果某个球员站位不合理，他就需要把这个球员从一个地方拽到另一个地方；如果是技术姿势不对，就更需要手把手地教。这件事被杰克大脑的认知系统处理成和平常训练课一样的普通事件。

然而，这件事对彼得来说就没那么简单了。他刚刚加入球队，对于训练之中会发生的肢体接触还没有相应准备，因此这件事会在他的记忆里留下深刻的印象。彼得没有经历过类似的事情，杰克突如其来的行为就被彼得的大脑认知系统记录成杰克故意掐住他的脖子。

虽然杰克与彼得的记忆相悖情有可原，但也证明了，人们原以为自己可以看见并准确回忆起“事实”，而实际上并非如此。

人们对记忆的认识与记忆的真实情况存在着一定的差距。为什么大众对记忆的认识普遍是错误的？这种错误认识又是如何误导人们的？

科学家认为，在人脑的眼窝前额皮层，有一个“奖赏系统”，它指挥人们去寻求快乐，满足基本需求。它还有一个重要的功能：同其他额叶皮层一起见识大脑中产生的一切感觉、记忆和想象信息，抑制无用的，区分真实和虚幻的，设定信息的优先级，当眼窝额叶皮层出现问题时，就会出现“虚构症”。

神经科学家认为，每个人，尤其当我们遇到和自己的经验不一致的事情时，都会虚构自己的知觉和记忆，让一切看起来更合理。比如某件事不可能无故发生，那么我们在回忆此事时，就会虚构出一个肇事者，并且对肇事者的存在深信不疑，丝毫不觉得是自己的记忆出现了问题。

2009年，美国某研究所开展了一项对1500人的调查，试图弄清一般美国人对记忆的认识情况。结果表明：有47%的受访者认为，人们一旦亲身经历某事并形成记忆，记忆就永远不会再改变了；63%的人甚至认为，人类的记忆就像一台摄像机，可以精准地记录所有视觉与听觉信息，人们可以在记忆中自由提取这些信息。

事实上，即便信息都能被完好无损地储存在大脑内，也不能代表所有信息都以这种方式存储。而很多记忆领域的心理学家认为，人类大脑不会记录所有传入的视觉、听觉信息，很多细节都没有经过大脑处理，就更谈不上存储了。

由此可知，人们的记忆有时候真的靠不住，我们对于自己的记忆不能过分自信，盲目坚持。

潜意识——原力觉醒

有一个神奇的公鸡实验：一个人首先在地板上用粉笔画一条白线，然后将一只公鸡的嘴压在这条线上。这只公鸡以为自己被绑住了，就抬不起头来了。

为什么公鸡竟然会被粉笔线“绑住”呢？

原来，这是潜意识的暗示作用。我们的举动促使公鸡的简单大脑发出“我被绑住了”的刺激反应，于是公鸡就动不了。

潜意识是心理学家弗洛伊德在其《精神分析学》中首先提出的，他认为潜意识是在我们的意识下存在的一种潜藏神秘力量，可以唤醒心中的原力之能。而意识与潜意识具有相互作用，意识控制着潜意识，潜意识又对意识有重要影响。

潜意识具有无穷的力量，它隐藏在内心深处，能够创造奇迹。爱默生说：“在你我出生之前，在所有的教堂或世界存在之前，潜意识这种神奇的力量就存在了。这是一种伟大永恒的真实力量，是生命运动的法则，只要你牢牢抓住这个能改变一切的魔术般的力量，就能够治愈你心灵的创伤，愈合你身体的伤痛，摆脱心中的恐惧，摆脱贫穷、失败、痛苦和沮丧。你要做的一切就是将自己的精神、情感与你期待的美好愿望合为一体，富有创造力的潜意识会为你做出安排。”

歌剧男高音卡鲁索有一次突然怯场，因为害怕，他的喉咙开始痉挛，无法再唱。可是还有几分钟就要出场了，他感到很恐惧，大滴汗水从脸上淌了下来。他浑身发抖地对自己说：“他们要嘲笑我了，我无法唱了。”接着又到后台对着那里的人大声说：“小我要把大我掐死啦！”“滚出去，小我！大我要唱歌啦！”如此这般后，潜意识仿佛回应了他，让他镇定地走上台尽情歌唱。结果当天的演出异常成功，全场为之轰动。

卡鲁索所说的“大我”指的就是潜意识中的力量和智慧，“小我”指的就是主导我们身体、周围环境以及我们所从事的一切事务的意识。我们的意识向潜意识发布命令，做出判断，接受认为合理的事情。当意识（小我）充满恐惧、担忧、焦急的时候，潜意识（大我）会以恐惧、绝望等情绪反作用于我们的意识。在出现这种情况的时候，我们要像卡鲁索那样，坚定地对自己说：“请安静一下，我能控制我们，我们必须听我的指挥，我们（这个小我）不准乱说乱动。”

潜意识如同一部万能的机器，许多我们自认为不能实现的愿望都可以在它的作用下办到，但它需要有人来驾驭，这个人就是我们自己。潜意识大师摩菲博士说，“我们要不断地用充满希望与期待的话与潜意识交谈，潜意识就会让我们的生活变得更明朗，让我们的希望和期待实现”。如果我们不去想负面的事情，而选择积极性、正面性的事情，就可以让自己活得更快乐、更幸福。

从你的注意力路过

小时候，我们经常被老师和家长教育“一心不能二用”，这是有心理学理论基础的。举个最简单的例子，两只手同时各拿一支笔，左手在纸上画方，右手画圆，看看你能不能画出完美的四方形和圆形，很多人会发现这很难做到。但是，有时候一些人也可以一边听音乐一边工作，而不会影响到工作效率。

那么，为什么有的时候可以同时做两件甚至更多件事，而有的时候却不能呢？这与注意的分配性有关。

注意的分配是指人在进行两种或两种以上的活动时能把注意指向不同对象的现象。注意的分配之所以成为可能，从生理上来看，是因为大脑皮层上占主导地位的区域兴奋时，其他区域只有局部的抑制。因此，这些区域就能够控制一些同时进行的动作。如果动作是习惯的，那么，当同它相应的大脑皮层区域处于局部抑制状态的时候，再同时进行其他动作的可能性就大些。

注意的分配是有条件的。首先，同时并进的两种活动，其中必须有一种是熟练的，这是注意分配的重要条件。由于熟练的活动不需要更多的注意，人们就可以把注意重心集中在比较生疏的活动上。如学生上课边听边记，因为对写字已经很熟练了，所以就把注意重心集中在听课上。其次，同时进行的几种活动之间是否有联系也很重要。如果它们之间毫无联系，那同时进行这些活动是很困难的；但如果在它们之间已经形成了某种反应系统，同时进行就比较容易。

任何复杂的工作都要求人们的注意分配，而这种能力主要是在实践活动中锻炼出来的。因此，注意的分配因人而异，同时也与人们对活动的熟练度有关。我们在做一些重要或不太熟悉的事情时，最好不要分散注意力，只有注意力高度集中，才能保证事情顺利进行，并取得良好的效果。如果不善于分配注意力，事情就不能做好，甚至还可能酿成事故。

“一个人做事缺乏效率的一个根本原因，就在于没有固定的目标，精力太过分散，以至于一事无成。”著名效率管理专家史蒂芬·柯维在分析个人工作效率低下的多个案例之后得出了这样的结论。

事实的确如此，许多在工作和生活中缺乏效率的人，就是因为目标过多，导致精力无法集中在重要的事情上，如果他们能努力集中在一个目标上，就足以获得巨大的潜在能量，获得更高的成功概率。

事实上，当一个人养成做事有“明确的主要目标”的习惯后，就能掌握迅速做决定的能力，这对他提高做事效率很有帮助。相反，那些同时有很多目标，精力分散的人会很快耗尽精力，随之而来的就是雄心壮志被消磨殆尽。

所以，当我们陷入琐碎的事情中时，一定要自我反省。我们应考虑手头上的工作是否需要优先处理，如果不需要，就终止它们，并着手更重要的事项。让自己变成时间驾驭者，减少例行公事，并多参与困难的决策和计划。如此一来，我们就能增加自身的价值并且增强高效处理事情的能力。

暴走情绪——理性去哪儿了

人类的两个胃：肚里的胃和幽灵胃脏

比起已经拥有很多的人，分一点给别人的行为中，更让人感动的是即便自己正处于困难时期，却还是愿意冒着风险帮助别人，就如同欧·亨利短篇小说《麦琪的礼物》中的男女主人公。

从累积情感的方式，人们无法看出关系的亲密程度是以怎样的进程和比例发展的，唯有到了向对方寻求帮助的时候，才能验证之前的付出是否得到了回报。他人有困难的时候悄悄地给予帮助，当真相大白的时候，感动是双倍的，情谊也会累积得更多。

以累积情感的方式处理人际关系，其弊端就是效率低下，这时可能会出现以下几种状况。

（1）他自愿地帮助我，而且毫无怨言。

（2）他欣然地接受我的请求，我表明自己内心的感谢。

（3）他非常为难地接受我的请求，我也不满意。

（4）对方跟我说凭什么他要帮我。

这是按照对方和你的关系从近到远的顺序排列的。当第四种情况发生时，很多人都会说：“你怎么能这么对我？实在太让人寒心了。”这样的反应也体现了人之常情，本来想把情谊一点一滴地积累到对方心中，可是对方却对你的良苦用心视而不见，曾经堆积起来的情谊瞬间化为乌有。

那么，城市的生活环境又是怎样的呢？在城市中只存在一种人际关系，可以用下面的例子说明：在机场、火车站、长途汽车站等为便捷旅客所开设的用餐场所，到这些餐馆用餐的人绝大多数都属于一次性消费的顾客。因此，这些餐馆没有必要为味道或者服务花费心思，它们只要开设在显眼的位置，并且提供适当的价格和供餐速度就足够了。

因而现在很多年轻人都以“酷”作为人生的信条，即在任何情况下都能保持冷静和安静，不失自我调节能力并持有独立的态度。这样的生活没有亲密所衍生的激烈情绪，即使分开也会因彼此间记忆模糊而感受不到太多的痛苦，所以备受现代年轻人的青睐。

虽然减少了内心的痛苦，但与此同时，这种心态带来的负面效果也是不容忽视的。占尽便宜、溜之大吉的想法在人们心里逐渐根深蒂固，使人不自觉地扮演了危害他人的角色。人们总是耐不住空虚寂寞，难以感到欲望的满足。可以说人类有两个胃：一个存放在肚子里，另一个是幽灵胃脏。当真正的饥饿感来临时，我们可以通过进食来缓解；但是当精神上的饥饿感出现时，即便吃得再多也感觉不到满足。本来一个人的胃脏空虚的时候，大脑的食欲中枢就会感觉到饥饿，产生想吃食物的欲望和行为，但是幽灵胃脏是在情绪不稳定的时候发出“饥饿”信号。无法填补的幽灵胃脏会因无法得到满足而持续号啕叫嚷——情绪饥饿的痛苦就在于此。

无缘无故地感觉到孤独和悲伤，却找不到诉说心情的朋友；自认为关系不错的朋友过生日，自己却没有受到邀请；平时信任的合作伙伴，突然不念旧情地背信弃义……在这些时候，不妨尝一口你手中的巧克力派以消除突如其来的饥饿感。一个人过于饥饿的时候性格会变得暴躁，这样很有可能会让你做出悔不当初的事情。

如果你吃完饭后还是感到饥饿，不妨给你脑中想念的人打一通电话，确认彼此的存在，饥饿感便会随着内心的满足和平稳而逐渐消失。在你的生活中早晚会出现一个让你满意的人，趁你没有吃掉一箱巧克力派之前，把握住机会吧。

一支铅笔带来的快乐

当一个人在经历某种感情波动的时候，旁边的人往往可以预料到他接下来可能的行为。例如，心情愉悦时会发笑，心里难过时会大哭，内心恐惧时会尖叫，心生厌恶时会皱眉，等等。这就是情绪对行为的影响。

那么，是否有一种反向影响存在于我们的身体之中呢？比如，让自己放声大笑，此时我们内心就真的会开始感受到快乐吗？再如，挤出眼泪，此时我们真的会开始感到悲伤吗？要回答这个问题，我们先来看看这样一个实验。

1980年，有人做了一个实验，实验者将参与人员分成两组，并让他们对某戏剧卡通片做出评价，之后再表明他们的快乐程度。

实验者发给两组参与人员铅笔，要求一组人员用牙齿咬住铅笔而不让其碰触嘴唇，要求另一组人员用铅笔碰触嘴唇而不用咬住。在这种情形下，咬住铅笔组的面部肌肉被迫进入了微笑模式，而碰触铅笔组则不自觉地开始微微皱眉。

最后，实验结果显示，被迫进入微笑模式的咬住铅笔组比被迫进入皱眉模式的碰触铅笔组的快乐程度更高。相应的，前者比后者对喜剧卡通片的评价更高。另外，有研究显示，即使停止了微笑，人们的情绪也会一直保持在快乐的状态。

上述实验说明，情绪可以影响我们的行为，我们的行为也可以影响情绪。从本体心理学上说，我们可以用某种行为方式来引导自己的相应感受、情感和思想。

运用到生活中，我们可以试着以一种快乐的方式生活，比如，用充满喜悦感的方式走路，抬头挺胸，步伐轻盈，表现得轻快活泼。在说话的时候，可以让自己的语调更有变化性，有意识地多使用具有肯定意义的词语。

当然，最简单的方式就是保持微笑。研究显示，保持微笑的表情15～30分钟，这种持久性较长的微笑可以给人一种信任感和真实感。但注意不能是假笑。我们最好让微笑和快乐的想法形成一种良性的互动。

你愿独自等候还是结伴同行

在生活中，人们希望与人交往很大部分的原因是害怕孤独或深感力量单薄，有与他人在一起的渴求和愿望。人们希望通过交际获得心理上的平衡，这在心理学上也被称为交际心理的亲和动机。它是人类普遍具有的最主要的动机。

放寒假了，在开往家乡的列车上，李娜一个人静静地坐着，但她并不孤独。开车半小时之后，她就和坐在对面的男孩聊上了。对方同她一样，是某高校的在读学生。交谈中李娜知道对方也喜欢文学，还曾在某杂志上发表过几篇文章。共同话题让漫漫的旅途不再孤独。11个小时后，当李娜要下车时，男孩帮她把行李拎下车，并和她交换了电话号码……

在现实生活中，每一个人都有与他人建立联系、保持往来、获取伴侣和友谊的需要，都有与他人相处和与群体保持关系的愿望。但这些需要和愿望并不都出于亲和动机，还可能是一个人处于高度不安的恐惧状态时，希望同处境、地位、能力等与自己基本相当的人取得协作，建立友好关系的内心欲求的体现。

在亲和动机的研究者中，沙赫特最为著名。

沙赫特在研究了像囚徒和修道士那样长期处于和他人隔绝的孤立状态的人遗留下来的日记后，发现其中记载着许多常人难以忍受的精神痛苦和不安心境，由此他提出了“不安—亲和”假说，认为经历过不安的人会有强烈的亲和行为倾向。为了证实这一假说，他进行了一系列实验。

沙赫特以62名女大学生为被试者，并将她们分为实验组（32人）和控制组（30人）两组。对实验组，主试者先让她们看一些令人生畏的仪器，并告诉她们将用这些仪器在她们身上做实验，实验会有电击，能使人痛苦但无伤害。

对控制组，则既不让她们看见仪器，也不告诉她们电击之类的事。然后告诉两组被试者，实验开始之前要提前几分钟到实验室等候，可以独自前来，也可与别的同学结伴前来。每个人都需要做出独自等候还是结伴等候的选择。实验到此结束。

结果是，实验组32人中有20人选择结伴，占62.5%；控制组30人中只有10人选择结伴，占33.3%。这个实验结果说明，越是在焦虑、恐惧的情境下，人们合群或亲近他人的倾向越强烈，处于高度恐惧中的人比低度恐惧的人亲和需要更加强烈。

由此似乎可以推断，人们合群是为了减少恐惧。由于这一实验本身并不能直接证实这一点，沙赫特又设计了一个实验。这一实验和前述实验基本相同，只是增加了一条指令，即选择和他人一起等候的被试者不许和他人交谈，目的是剥夺被试者通过交往消除恐惧的机会。结果，当被试者被禁止和别人交谈时，他们大都选择了独自等候。这充分说明，人们确实是为了消除恐惧感而和他人在一起的。

那么，为什么不安和恐惧容易引起亲和动机呢？沙赫特认为，这与人处于不安和恐惧状态时对自己的评价有关。当一个人处于不安和恐惧状态时，往往不能对自己做出适当的评价，于是希望通过与处境、地位、能力相当的人的比较来对自己做出适当的评价，从而选择适当的应对行为。

沙赫特的研究还发现，出生顺序与人的亲和动机的强度也有关。长子、长女、独生子女的亲和动机较强，在恐惧情境中会更倾向于亲近他人，排行老二及以后者的亲和动机不如老大强烈。

在整个社会活动中，人类都不同程度上表现出亲和动机倾向，因为人类社会发展离不开人与人之间团结友爱、相互扶持和帮助。亲和动机强烈的人，对团体充满向往，并渴望同人们建立一种亲密的关系，渴望成为群体中的一员，渴望友谊，被别人关爱，不受排斥。

实践证明，我们从事任何工作，或者实现个人的某种目的，都离不开他人的支持，需要与他人的亲和行为。

夜探大脑：情绪的爆炸时刻

到了晚上，人总是有很多感情释放甚至是爆炸，白天不能说的话，不能表达的情，总能在晚上得到机会抒发。就像朱自清在《荷塘月色》里说的，“像今天晚上，一个人在这苍茫的月下，什么都可以想，什么都可以不想，便觉得是个自由的人。白天里一定要做的事，一定要说的话，现在都可不理”。从字里行间我们能够看出他在夜晚对自己感情的释放。

许多文字工作者喜欢在夜晚工作，因为那个时候他们能写出感情充沛、有感染力的文章。同理，因为人在夜晚感情最容易冲动，犯罪活动也多发生在夜晚。如果在晚上求爱，成功率也比白天要高很多。我们经常会感觉，一到晚上似乎就远离了现实，心情舒畅，一切困难都算不上什么。而清早醒来，又会觉得回到了现实中，忧愁烦恼又回来了。

为什么会有这种现象呢?

生理活动会影响感情活动。生物学者研究发现，大脑活动需要很高的营养水平来支持，人的新陈代谢在早晨比较缓慢，血糖含量处于一天中的最低水平，人的思维活动不会太活跃。晚上，人的新陈代谢比较活跃，有足够的能量来支持思维活动，因此往往更能够集中注意力，思维也更加灵活。

从大脑科学角度来讲，人的思维活动由大脑额叶系统和颞叶系统控制，情绪活动则由大脑边缘系统控制。思维活动和情绪活动有一定的对抗性。如果额叶系统和颞叶系统活动较多，大脑边缘系统的活动就会受到一定的抑制，这时思维活动就会占上风；反之，思维活动则会处于劣势。

白天大脑额叶系统和颞叶系统兴奋，人们处于理性思维活动的巅峰；晚上大脑边缘系统活动加强，额叶系统和颞叶系统活动处于劣势，人们的情绪活动相应加强。因此，在晚上人们通常感情非常丰富，容易冲动，也容易被感动。

人在晚上无须扮演太多社会角色，有充足时间进行无意识的思想活动。虽然人的个性品质有差异，但人在夜晚感情丰富这一现象是具有普遍性的。

人的思想活动分为有意识的和无意识的。有意识的活动具有逻辑性、功利性、现实性和目的性，而无意识的活动都遵循着“唯乐”原则，换句话说就是怎么高兴怎么来。在白天，人们要扮演各种各样的社会角色，进行的思想活动都是有意识的；到了夜晚，人们从社会角色转换到个体角色，成为完全从属于家庭或自己的人，能够完全按个人意志来支配自己的活动。

人在晚上感情丰富，与感觉系统活动规律有关。白天，人的感觉器官、视听系统被高度利用，忙于接收外界信息，处于相对疲惫的状态。晚上，外界环境变化，光线变暗，噪音降低，人们接收的视听刺激变小，注意力集中，有精力考虑带有个人感情色彩的问题，也有时间在自己的思维中加入更多的感情因素。

感情丰富的人一般都很善良，更喜欢用自己的感情和良好的出发点去衡量事情，做出决定。但感情过于丰富未必是好事，犯罪活动多发生在晚上，就是因为人们此时不喜欢用各种条条框框去约束自己的行为，而是凭感觉和冲动来行事。这样，就容易控制不好自己的感情，做出过激行为，产生犯罪。

因此，一方面，我们可以利用晚上感情丰富这一点，可以进行一些需要情感渲染的活动。通常来说，利用晚上来搞文艺创作，或者举行温馨的家庭聚会将有很好的效果。另一方面，我们应尽量避免在晚上从事刺激性过强的活动，比如参加过于喧闹的聚会、酗酒等。这样的谨慎能够避免不愉快甚至是悲剧的产生。

冥想：疏散忧虑的能量通道

生活中，有些人会有异常多的忧虑，被称为心胸狭窄或者思想消极的人。

美国心理学家班杜拉曾提出，一对多虑的父母，他们的孩子多半也将形成惶惶不安的忧患性格。一个人多虑还有个原因，就是从小形成了对父母的不稳定的“依赖”。

或许，每个人在幼年时期都曾受到过一定程度的伤害。直到长大成人，这些埋藏在心底的痛楚还在不知不觉中影响着我们的生活，为了消除这些痛楚，最好的办法就是不断地自我反省。找不到忧虑的根源所在，就永远无法从迷途中走出来。如果恐惧占据着忧虑的绝大部分，就要找到克服的方法；如果小时候的伤处仍隐隐发作，就要治愈它。

多虑的人都会有什么样的心理特征呢？这类人经常会因尚未发生的事情而战战兢兢，无法接受不久的将来可能发生在自己身上的不好的事情，也会因无法预见的未来和不确定的因素而无法忍受当下。多虑的人也会更多地从自己的角度出发，将自己心中的忧虑视作解决问题的一个有利因素。多虑的人不仅难以找到解决问题的方法，反而容易被这种忧虑击败，加重自身的精神负担。

美国《商业周刊》曾报道：“随着越来越多的企业懂得了烦恼是影响业务效率的罪魁祸首，冥想被看作提高员工士气的重要因素。”但是，每个公司运用冥想教育的方式是各不相同的。为了减轻剩余员工的业务负担，时代华纳公司自从大幅度裁员之后，就开始在公司内实行冥想教育。而阿斯利康制药有限公司则选择在长时间会议中间的休息时间里插进冥想教育，从而提高会议效率。《商业周刊》还报道说：“通过冥想教育，许多经营者都察觉到，公司员工的决断力和共通能力都大有提高。”

冥想的一大优点就是不用向别人求助便能自行解决，而且还不受时间和地点的限制，对身体和心理都有着积极的影响。多虑的人主要将自己的能量消耗在担忧上，因此，他们经常会感到头痛或浑身乏力，而且很难全身心投入所从事的工作当中。

冥想，主要分为集中冥想和智慧冥想两种方法，也有人将这两者称为“奢摩他”和“内观”。集中冥想是指集中精神、维持平稳心态的方法；智慧冥想则是指通过感觉身体和心灵上的变化，最终达到一种无常和无我的超然境地。

集中冥想，首先穿着要舒适，需要安静的环境。然后双目闭合，双腿盘起，伸直脊椎，放松心态，开始感受自己的呼吸。

人的身体内一共有七种能量通道，集中冥想时，最好将自己的意识置于鼻尖，或者胸部及丹田。

第一次尝试冥想的人，要把意识置于鼻尖。即使突然想起什么事情，也不要接着往下想，要把自己的意识始终置于鼻尖处，一边平缓地呼吸，一边集中精神。

另一种方法就是呼吸时反复地背诵真言。像时间比较紧的早晨，也可以在床上做这种简单的集中冥想。在办公室里，面对堆积如山的工作任务，你也可以用集中冥想缓解压力。

环境拥挤时，求心理阴影面积

环境可以通过对人的生理及心理的微妙作用影响人的心理健康。举例来说，在一个空气清新、花草葱郁，又伴随着优美乐曲的环境中，人会体会到一种舒适与轻松，会暂时忘却生活的压力。

良好的自然环境会通过刺激人的感官传达给大脑积极的信息，从而平衡人内心的失衡。而在嘈杂、拥挤的环境中，人会感到烦躁不安，肾上腺素分泌量会猛增，当分泌量超过一定的范围时，就容易导致人们出现无法控制的疯狂举动，只能求心理阴影面积了。

某年春节期间，某趟临时客车上，挤满了归乡的民工。整个车厢挤得水泄不通，臭气熏人的车厢内不足1平方米的空间里竟然挤了七八个人。一个小伙子挤在车厢里的桌边，站了一天一夜，疲惫不堪，只能一支接着一支地猛抽烟，以驱散心中的烦躁不安。列车的呼啸声、车厢内的喧哗声、难闻的混浊的空气，终于使他无法自控。突然，他抓起桌上其他旅客的杯子、饮料瓶、水果等物疯狂地朝着周围旅客的头上砸去，随即挥舞起一把水果刀刺伤6名旅客。

心理学家曾在小学做过一个“拥挤对人心理伤害”的实验，让一群小学生挤在狭小的教室中上课和活动。不到一个星期，连平时温文尔雅、循规蹈矩的学生也慢慢地变得粗野起来，在他们身上，攻击性行为急剧增加。实验证明，在拥挤的环境中相互干扰、碰撞摩擦会使人精神疲劳、急躁烦恼、焦虑不安。时间越长，这种心理问题就越严重，直到精神崩溃、行为失控，做出让人无法理解的“抓狂”行为。

“老公，下午我妈打电话来，说我哥家里出事了，让我们赶紧回去看一看。”妻子在电话里着急地说道。

李华放下工作，开车带着妻子连夜赶往她老家。在路上妻子才给李华讲清原委，原来她哥结婚这么多年来，一直和妻子、孩子挤在一间15平方米大的小房子里。因为手头不宽裕，她哥始终没有能力购买新房。

“我嫂子和我哥闹过好几回，可我哥也没有办法，我父母也帮不上忙。没想到昨天晚上，我哥突然发疯似的跟我嫂子打起来了，今天就不见了人。”妻子忧心忡忡地说。

到了目的地，李华和妻子在她父母的带领下去了她哥的住处，她哥的房子不但很小，而且还闷热，不通风。

后来，警察找到了妻子的哥哥，李华和妻子也放心了。因为没出什么大事，李华和妻子留下了一些钱，便离开了。在车上，李华想着妻子的哥哥住的那间小平房，心里并不轻松，现在许多夫妻都因为住房问题有了间隙。

李华妻子的哥哥的突然反常应该和环境有关系，嘈杂、拥挤的住房环境会让人烦躁不安，极易导致极端行为的发生。

如今，人们对生活品质的要求越来越高，居民的住房观念也在不断转变，从原来的“安居型”逐步转变为“康居型”，居民对住房的综合要求越来越高。

那么，我们怎样才能选择到健康住房呢？

首先，健康住房应能够保障我们的安全，选择时还要考虑到室内、室外对健康和舒适度的影响。

其次，应考虑居室所处自然环境的亲和度。亲和度越高的自然环境，对身心健康的发展越能产生有益的影响。鸟鸣、花香，冬观雪，秋赏桂，更是一种情趣和陶冶。

再次，我们还要考虑到居室的环境保护，如垃圾处理、污水排放、环境卫生，等等。

最后，最好要考虑到健康保障因素，即健康医疗机构、家政服务机构等，以方便我们的居住和生活。

感官大作战——看见味道，听见温度

彻底隔离——感觉剥夺实验

如果有这样一个实验，每天给你100元，让你一个人待在一间房子里。这间房子没有窗户、钟表、电话、收音机、电视、书报、纸笔，只有一盏油灯、一张床、一把椅子、一张桌子以及洗漱设备，传送带会按时给你送饭。这样的实验，你愿意参加吗？如果参加，你能待多久？

先别急着说出你的答案，让我们看一下心理学家黑伯等人首创的感觉剥夺实验。实验中给被试者戴上一副半透明的护目镜，使其难以看清；用空气调节器发出的单调声音限制其听觉；为其手臂戴上纸筒套袖，让被试者戴上手套，用夹板固定住被试者的腿脚，限制其触觉。

被试者在被隔离12、24、48小时后，分别做简单算术、字谜游戏和组词等测试，结果发现，被隔离的时间越长，被试者的测试成绩就越差。有的被试者变得很难集中注意力，并容易激动，有的表现出紧张焦虑、情绪不稳、思维迟钝等症状，奇怪的是，有的人还出现了错觉和幻觉。仪器显示出他们的脑电波比隔离前明显减慢。有的被试者在被隔离24小时之后，因为无法忍受而中途退出实验。

黑伯的感觉剥夺实验表明，与外界环境广泛接触是维持人们正常思维活动、生活状态的基础。只有通过社会化的接触，更多地感受和外界的联系，人才能更多地拥有力量，更好地发展。

动物心理学家曾以恒河猴做过一个同样著名的社交剥夺实验。心理学家将猴子喂养工作全部自动化，隔绝猴子与其他猴子或人的沟通。实验结果表明，与有正常沟通的猴子相比，缺乏沟通经验的猴子明显缺乏安全感，不能与同类进行正常的交往，甚至连本能行为也受到了严重的影响。

同理，在人的智力发展方面，沟通也是必要的前提。人们对因战争而独居深山数十年的特殊个案进行研究时也发现，缺乏沟通对人们语言能力及其他认知能力都有不同程度的损害。对儿童来说，缺乏沟通机会将严重影响他们的智力发展。心理学家还发现，增加与早产儿的沟通，有助于更快地帮助孩子。

丰富多变的环境刺激是人类生存的必要条件，在被剥夺感觉后，人会产生难以忍受的痛苦，各种心理功能也会受到不同程度的损伤。人是社会性动物，其自我意识和各种智能都是社会性的产物。人只有置身于社会环境中，通过社会获得支持性信息，才能不断修正和发展智能。反之，如果剥夺一个人与别人交往的机会，其身心就会受到极大的伤害。

“形型人”和“色型人”

我们在观察和认知事物的过程中，通常会受颜色和形状的影响。一般情况下，我们会凭直觉进行判断，选出自己中意的商品。不过，每个人的直觉“依据”都有所不同，有的人受形状的影响比较大，有的人受颜色的影响比较大。前者被称为“形型人”，后者被称为“色型人”。

小洋洋四五岁的时候，对色彩特别敏感，妈妈给他买了一整套的涂色画册和24色彩笔，他每天都在画册上涂涂抹抹，乐此不疲，甚至连家里干干净净的墙面，也成了他色彩涂鸦的广阔天地。

但奇怪的是，随着小洋洋逐渐长大，他的喜好也有了一百八十度的转变。他对彩色图画的兴趣慢慢变淡，而开始喜好上素描、漫画，他似乎不太追求五颜六色，一根铅笔他也能画得不亦乐乎，在他的涂鸦作品中，开始出现了各种清晰、多变的图案。

小洋洋为什么会出现这种变化呢？其实，这是正常的知觉变化发展过程。

根据现有的研究结果，人类大脑在发育过程中，对颜色的认知要早于对形状的认知。一般来说，9岁以下的儿童大部分都属于色型人，他们对色彩相对敏感，能迅速地记住各种颜色，并试图将其表现出来。色彩是这个阶段的儿童认识外部世界的最直观途径。但到了9岁左右，大多数儿童会转变为形型人，开始被形状吸引。形状取代色彩，成为他们观察世界的重点。这种转变将一直保持到成年后。因而，成年人很多都属于形型人。

不过，很多时候，对色彩或形状的偏爱也会因人而异。比如，选购雨伞或西装等商品时，如果功能、品质、价格完全相同，我们会根据什么做出选择？是颜色，还是形状？答案并不总是偏向形状。

有心理学家为此做了相关的调查研究，结果表明，男性中形型人略多，而女性中色型人稍多。从年龄上进行分析，二三十岁的女性中色型人居多，尤其是三十几岁的女性，色型人比例达到70%。对此，心理学家的解释是，日常所见的事物对大脑的发育产生刺激，在现代社会，生活环境中的色彩比以前要丰富得多。身处色彩缤纷的世界中，人对颜色也会变得敏感，色型人也因此增加。

在实验调查过程中，心理学家还发现一个有趣的现象：假如一个人的主要工作是绘制色彩丰富的图案，那他与颜色相关的细胞一定相对发达。而长年看某种特定形状的人，对该形状产生反应的细胞自然发展迅速。

可见生活环境和自身经历，也会影响我们的大脑对色彩和形状的敏感度。其实，这种对环境做出反应的大脑系统，并非人类的专利。有实验表明，在正常环境中喂养长大的动物，对各种光的刺激做出反应的细胞均得到发展。在竖条纹的房间中喂养长大的动物，只有对竖条纹做出反应的细胞得到发展，而对横条纹做出反应的细胞几乎不存在。

这样就是为什么生活环境相同的人，比如夫妻、兄弟姐妹、朋友同事，不分男女，多属于同一类型。因为生活环境相同的人，常常看到的都是一样的颜色和形状，对颜色和形状产生反应的细胞发达程度也大体相当，从而产生了对色彩或形状相类似的偏好。

我们的成长经历和生活环境影响了我们对色彩和形状的感知，那么反过来，对色彩或形状的感知，又会对我们自身的成长产生什么样的影响呢？色型人和形型人之间又有什么差别呢？很多心理学家进一步研究了这两类人的性格差异。

德国精神病理学家恩斯特·克雷奇默在性格分析研究领域颇有建树，而他的学生们则对色型人和形型人的性格差异进行了研究，并搜集到大量有价值的数据。根据他们的研究成果，容易受形状影响的人不善言谈，社交是他们的弱项；而容易受颜色影响的人，性格开朗，善于交际。

但是，也有持相反意见的，认为色型人趋向内向，神经敏感，形型人性格爽朗。不同的实验方法，可能会带来一些结果的差异。对于这个复杂的问题，我们也不必深究。重要的是，了解其中的原理，并能在平时的生活中，有意识地提高对色彩和形状的感知，尤其在对幼儿的培养和智力开发过程中，多让孩子接触五颜六色的东西，多给孩子玩不同形状的玩具，这些都有利于刺激他们大脑对色彩和形状的感知，促进智力的发育。

你瞅啥——人类优先左视野

玲玲在日本留学时，发现一个奇怪的现象：在日本，将整条鱼做菜上桌时，照规矩都要把鱼头摆在客人左边。发现这个规律后，有一次玲玲忍不住问厨师为什么要这么做。得到的答案是，这样做主要是便于右手用筷子的客人从鱼头附近开始吃起。不仅如此，把鱼头摆在左边，客人会最先看到鱼头，这样整道菜看上去更加美味，更容易激发客人的食欲。

厨师的这个回答，看似稀奇，却是有科学依据的：人类优先左视野。我们可以从日常生活体验中证实这个论断。

我们一起来浏览下面这张超市宣传单：

香蕉	180日元
西红柿	150日元
新鲜超市特价日	
柿子	250日元
花椰菜	80日元

第一眼看到这张宣传单时，我们会最先注意到什么内容呢？

曾经有人用这张宣传单对100人进行了一次简单的调查，结果，最先看到香蕉的人占73%，最先看到西红柿的占22%，而柿子和花椰菜分别占3%和2%。也就是说，像这样一张载有多种信息的宣传单摆在面前时，大多数人都会从左上角看起，因而最先看到了左上角的香蕉。回忆一下我们看这张宣传单的过程，就会发现：视线是呈“Z字形”移动的，即顺序依次为香蕉（左上）、西红柿（右上）、柿子（左下）、花椰菜（右下）。其实，印刷行业很清楚大家的这种习惯，所以在设计宣传单时，便会把极力推销的商品放在左上角。

那么，人类优先左视野是怎么产生的呢？

曾经有心理学家分析认为，视网膜中的视细胞将视觉信息转换为电信号，然后通过外侧晶状体传达至第一视觉区。左视野和右视野的信息传递虽然是同时进行的，但最终到达的目的地存在着微妙的差异。实际上，左右眼的右半部分的视觉信息，通过视交叉传达至相反一侧的左脑。同样，左右眼的左半部分的视觉信息，则通过视交叉传达到了右脑。也就是说，左视野的信息，由右脑进行处理。人的大脑分为左脑和右脑，左右脑处理的信息不同。一般来说，右脑主宰艺术与直觉，左脑则处理理性的思考。

然而，与左右脑分工处理不同类型信息的观点相反，现代的科学研究认为左右脑之间是存在联系的，而且左右脑之间的差异并没有人们以前想象的那么大。左脑和右脑之间存在明确差异的只有语言功能。有趣的是，大脑控制语言的功能与人是左撇子还是右撇子存在一定关系。左撇子中，60%～70%的人由左脑控制语言功能，15%～20%的人由右脑控制语言功能，其余的左撇子则左右脑都能控制语言功能；而97%～99%的右撇子，语言功能由左脑控制。

同时，有调查数据显示，右脑更善于进行人脸的识别、大小的分

辨、形状的分类及以视觉信息为基础的工作。这一点也许能够佐证我们优先处理左视野信息的能力是受右脑某种功能影响这一观点。

了解“人类优先左视野”这个现象后，我们也可以向聪明的印刷商学习，如果有机会做设计或宣传工作，记得把重要信息放在左上角。此外，平日里的穿衣打扮等，也可以充分利用这个感知现象，把重点呈现在左上位置，让别人一眼便看到我们的亮点。

曲线物体更受喜欢

相对于有棱有角的东西，我们似乎更喜欢具有曲线的事物。

比如，女性的身材曲线对大部分男性都具有吸引力，男人会以一种有趣的、非语言的方式来示意某个女人是美女——挑挑眉毛、一声口哨、歪一下头，最明显的一种做法就是用双手比画出凹凸有致的身材曲线。汽车的设计中也包含柔和的曲线，悍马这样具有棱角的车型虽然拥有一定市场，但同样也引起了很多人的反感。看看现有的办公家具并将其与你的居家家具进行比较就会发现：办公家具，即便是在休息室中的办公家具，也倾向于更具棱角，显现出一种正式、非轻率的态度；而另一方面，居家家具通常更具弧度，表达出松弛感和非正式性，看起来也更讨喜。

很多事例都表明，我们更喜欢那些具有曲线的物体，而不是锋利、具有棱角的物体。那么，我们是否真的更喜欢那些具有曲线的物体呢?

哈佛医学院的摩西·巴尔和奈托·勒塔让14名实验者观察了280对物体。其中半数为真实物体，而另一半为毫无意义的图形。无论是否为真实物体，每一对中的两个物体其他视觉特征均一致，唯一的例外就是曲率。配对中的一方具有尖锐的棱角，另一方则具有曲线。例如，一次比较中展示了两只手表，一只方形，一只圆形。这两个对象被简单地并排摆在屏幕中（展示大约0.8秒），实验者提问，根据直觉反应，他们更喜欢二者中的哪一个？结果是非常明确的：无论对象是真实物体还是图形，实验者都对具有曲线的对象表示出了偏好。

这里需要指出的是，做出判断的时间非常短，还不到1秒。这样，实验参与者就没有在选择上犹豫，没有时间考虑他们的偏好。如果给了他们足够的考虑时间，那么经验的影响就会进入选择中，导致实验结果偏差。

我们不太喜欢尖锐、有棱角的物体，那是因为它们传达了一种危险的信号（如箭头或尖刀）。无论出于什么原因，外形如何的确影响了我们对物或者人的印象。大部分时候，棱角分明表达了一种负面评价，而圆润则显得积极。但这并不是绝对的，比如男性方正、有棱角的下颚通常被视为果断、独立和自信的表现。媒体提到2008年共和党早期总统候选人之一米特·罗姆尼那强有力、棱角分明的面部特征时（然而，这些特征不足以使他当选），通常会使用非常正面的词汇。出于同样的原因，在求职面试中，如果招聘者正在寻找一名果断的领导者，那么这种外形可能会成为求职者的优势。然而，如果招聘者要寻找的是一名不折不扣地执行方针的忠诚员工，那么这种棱角特征就没有什么帮助了，甚至引起负面影响。另外，可爱的大眼睛和娃娃脸这些特征对于婴儿来说是很好的，但是对于一名25岁的面试者，如果他面对的招聘者正在挑选具有领导潜力的得力干将，那么这样的特征就不是一件妙事。

外形是决定思考与反应的首要因素吗？当然不是。然而，如果能清晰地认识到自身外形的特点，并且好好利用有利特点，隐藏不利特点的话，将会有很大的帮助。例如，如果你具有棱角分明的面部特征，展示出圆滑和协作性可能会比较有利；同样，如果你有一张可爱的娃娃脸，那么请展现出自信和果敢的特性。

好好认识自身外形的特点，平时就要多多注意，避免在关键时候导致丢分。

“那时候天总是很蓝，日子总过得太慢”？错觉！

不知道你是否留意过，当你做喜欢的事情时，就觉得时间过得很快，可以说时光飞逝；当你做一件不喜欢的事情时，便如坐针毡，觉得时间过得很慢，度日如年。这是因为你对时间的知觉出现了错误。我们对时间长短的感觉，会因在这个时间段内所做的事不同而发生变化。

时间错觉是指对时间的不正确知觉。由于受各种因素的影响，人们对时间的估计有时会不符合实际情况——有时估计得过长，有时过短。

一般来说，当活动内容丰富、能引起我们的兴趣时，对时间的估计容易偏短；当活动内容单调、令人厌倦时，对时间的估计容易偏长。当情绪愉快时，对时间的估计容易偏短；情绪不佳时，对时间的估计容易偏长。当期待愉快的事情时，往往觉得时间过得慢，时间估计偏长；当害怕不愉快的事情来临时，又觉得时间过得太快，时间估计偏短。

此外，人们的时间知觉还具有个体差异性，最容易发生时间错觉现象的是儿童。

人们对时间的错觉容易使人想起爱因斯坦的相对论。爱因斯坦曾以一个精妙的比喻对相对论进行了简单而恰当的概括：“当你和一个美丽的姑娘坐上2小时，你会觉得好像只坐了1分钟；但是在炎炎夏日，如果让你坐在炽热的火炉旁，哪怕只坐上1分钟，你都会感觉好像是坐了2小时。这就是相对论。”

和美丽的姑娘聊天，当然是美好的体验，人人都希望它能长时间持续下去；相反，炎炎夏日，在炽热的火炉边烤着，分分秒秒都是煎熬，自然希望它赶快结束。也许正是因为自己的主观愿望和实际情况的比较，使我们产生了这两种截然相反的时间错觉。我们平时所说的“欢乐嫌时短”“寂寞恨更长”“光阴似箭”“度日如年”，也是这种情况的表现。

在一个时间周期内，人们往往感觉到前慢后快。比如，一个星期，前几天相对于后几天感觉慢，过了星期三，一晃便到了星期天。一段假期，前半段时间相对后半段显得慢，当过了一半时间，便觉得越来越快。所以有人说：“年怕中秋日怕午，星期就怕礼拜三。”之所以出现这种现象，是在一段时间的前期，你觉得后面的时间还很多，不着急，就感到时间慢；越到后来，你越感到时间所剩不多，越感到着急，也就觉得时间过得快。

人一生也有这个规律，人在童年时代感到时间过得慢，就像歌里唱的，“那时候天总是很蓝，日子总过得太慢”，因为你觉得以后时间还有很多。等年龄渐长，尤其过了30岁，就感到时间不那么多了，于是开始着急，也就觉得时间过得快了。

3D街头立体画：真实的假象

俗语说，“耳听为虚，眼见为实”，这句话意在告诫人们道听途说的不要相信，很可能是虚假的；只有自己亲眼所见才是真实可信的。不可否认，眼睛是人感觉器官中最直接、最能反映事物原貌

的。但眼睛看见的是否真的就是事物的本身呢？

视觉是一个生理学词汇。光作用于视觉器官，使其感受细胞兴奋，其兴奋信息经视觉神经系统加工后便产生了视觉。人们感知到的很多信息都是通过视觉获得的，据统计，在五官中，视觉获得的信息占80%以上。但视觉获得的信息并不可靠，因为人的心理通常会干扰视觉的正常工作。

和平小镇暴发巨大洪水，闹市里走出喷火恶魔？这难道是好莱坞大片提前泄露的片花？且慢，旁边的情侣笑得没心没肺，孩子们在悠闲地吃冰激凌！原来这是街头立体画家们开的一个个以假乱真的视觉玩笑…

艺术学院毕业的尼森，尤其喜欢壁画，他在世界各地临摹和研究壁画。整整两年，他每天画足八个小时。有一次，他在街上碰见一位街头画家，在意大利他被称为madonnari，就是到处旅行和自由生活的流浪艺术家。

节日里，madonnari会在步行街或公众广场用彩色粉笔创作图像，靠捐赠和佣金生活。那个画家看见了尼森的素描本，问他可不可以帮他画一个天使，因为他想去喝杯咖啡。从壁画刷子、油画刀到粉笔头，尼森转换得很自然。

就这样，尼森加入了madonnari的工作小组。每天工作12小时，连着7天，他们用彩色粉笔或者颜料，在公路上绘制着一幅巨大的作品。为了唤起人们对地球温室效应的重视，他们再现了以假乱真的冰川溶解崩裂的场景。他们精准入微地按照透视逻辑，在街道广场或者墙面上勾擦揉抹，就能得到绝对真实的立体效果。

madonnari通常会躲在一旁偷看因为疑惑而裹足不前的孩子，或者犹犹豫豫临渊收腿的成人，这些真实可爱的瞬间让他觉得在烈日下工作了整个星期是值得的。

3D街头立体画是一种极具视觉冲击效果的变形艺术，艺术家们希望用绝对真实的假象，提醒人们多种角度看待事情。由此可见，视觉也会骗人。还有，警察在进行犯罪调查需要询问目击者时，目击者的叙述有时也会受到先入为主的观念的影响。有人认为自己看到的人与凶犯非常相似，但也许他并没有看清那个人手里拿着什么，却会认定他手里拿的是凶器。因此，有些证人的证词反而会将案件调查引入歧途，这也说明人是可以通过想象来制造印象的。

在实际生活中，人的视觉往往会产生错觉。产生错觉的原因，除受来自客观刺激本身特点的影响，还有观察者生理上和心理上的。其机制现在尚未完全弄清。来自生理方面的原因是与我们感觉器官的机构和特性有关；来自心理方面的原因是和我们生存的条件及生活的经验有关。

自古以来，人类就有很多错觉，如果不用理智来精细推测，用开放的心胸来包容，往往会被表面现象迷惑，将错就错，甚至哲学家也不例外。亚里士多德就曾经认为重的物体比轻的物体落地快，可是，后来伽利略的斜塔实验证明他是错的。孔子即使被奉为中国的圣人也不能避免。因此著名灵魂乐手马文·盖在20世纪60年代的流行歌曲中告诫人们：我们应该只相信眼见的一半。

我们往往说“一见钟情”，这其实说明我们对于事物的认识是十分模糊且第一印象的。我们对于一件事物的认识，一般一开始只是对视觉信号进行模糊处理，即只对信号进行轮廓辨认和处理，也即只辨认主要特征，比如只对人或动物或物体、动的或静的、大或小、远或近、男或女、高或矮等等特别明显的差异进行甄别。只有在多次接触或引起注意的时候我们才会注意到更多的细节的东西，这就造成我们被第一印象所欺骗。

第四章

乌合之众——人是社会性的“动物星人”

只有5%是原创者，其他95%都是模仿者

如果你是一个善于观察自己的人，你会发现内心深处常有如下心理活动：无论做什么事情，只要有很多人支持你，你就有种安全感，进而能大胆地去做；无论你说的观点是否正确，只要多数人同意你的观点，你便有胆量大声地说出来；无论你多么讨厌的人，如果周围的人都喜欢她，你就不会轻易地说出讨厌她的想法……告诉你，这种心理活动不仅你有，周围的人也都曾有过。

安迪在一个酒吧里做侍者。刚开始，尽管他做得很用心，但是从没人给他小费。每次看到其他人获得小费，他都羡慕不已，于是费尽心思，给予顾客热情的问候、周到的服务……越来越多的顾客赞赏他工作认真，服务态度好，但仍然没有顾客给他小费。

几个月后，安迪发现了获得小费的小窍门，即在酒吧正式开门营业之前，先在自己的托盘中放上几张钞票。顾客们看到安迪托盘中的钞票，一方面会认为是其他人留给他的小费，另一方面则认为该酒吧有给服务员小费的惯例，从而在结账时也向盘子中放一些小费。

《影响力》一书曾介绍过销售顾问卡福特·罗伯特说的一句话：“由于只有5%的人是原创者，而其他95%的人都是模仿者，所以其他人的行为比人们提供的证据更具说服力。”的确如此，安迪能够通过托盘中的钞票有效地影响顾客，正是利用了人们这种模仿性质的从众心理。在特定条件下，当受众没有足够或者准确的信息时，他们常常会模仿他人的行为而制定策略。因为这种模仿式的从众行为，可以有效地避免风险以及意外。

中国有句俗话，“一人胆小如鼠，二人气壮如牛，三人胆大包天”。这句话形象且精辟地说明了人们的从众心理。生活中许多事情都是这样，不论性质好坏、正确与否，只要有人敢做，其他人便会蜂拥而至。譬如，随意跨栏、横穿马路，随意践踏草坪，某一颜色服饰的流行，说某句经典的台词……人们习惯于从众，这一点常被有心人利用，成为影响他人为自己服务的工具。

心理学家指出，当人们看到一种行为有很多人模仿时，心里总会自觉或者不自觉地以多数人的意见为准则做出判断，进而采取与众人相同的行动。因为在多数情况下，众人都去做的事情往往是正确的，人们采取这样的行动，可以获得更好的评价及利益，甚至少走弯路、少犯错误。

木秀于林，风必摧之；独雁南飞，险必随之。与众不同要承受很大的心理压力，人们正是因为畏惧这种压力，才会选择从众。而且，在从众行为中，追随者越强大，越容易对他人施加影响。

1+1<2

中国有句老话叫作“人多力量大”，但在现实生活中，有时候多人一起干活，效率反而更低，效果反而更差。这是为什么？

其实，在群体组织中，并不一定能得出1+1>2的结果。德国科学家瑞格尔曼的拉绳实验也能证明这一点。在这个实验中，参与测试者被分成4组，每组人数分别为1人、2人、3人和8人。瑞格尔曼要求各组用尽全力拉绳，同时用灵敏的测力器分别测量拉力。测量的结果是：2人组的拉力只为单独拉绳时2人拉力总和的95%；3人组的拉力只是单独拉绳时3人拉力总和的85%；而8人组的拉力则降到单独拉绳时8人拉力总和的49%。

现代社会把人们组织起来，就是要发挥团队的整体效用，使团队的整体大于各部分之和。而拉绳实验却告诉我们：在施力方向不同的情况下，1+1<2，即整体小于各个部分的总和。

在一个团队中，只有每个成员都最大限度地发挥自己的潜力，并在共同目标的基础上协调一致，才能发挥团队的整体效用，产生整体大于各部分之和的协同效应。那么，到底是什么因素影响了团队的整体绩效呢？

在一个团队中，影响成员发挥其潜力的因素非常多。一个团队要组织建设好，需要每一个成员、每一个环节都做得好，如果团队建设中的任何一件小事、任何一个细节做不到位，就会影响团队成员的积极性，进而影响团队整体的战斗力。在影响团队绩效的诸多因素中，应该注意从以下三个方面来把握。

第一，绩效的评估方法。团队需要一套公平、透明的绩效评估体系，对每个成员的努力绩效都要做出评价。假如评估体系不够透明，或者不够科学，就会影响到团队成员的积极性，进而影响整个团队的绩效。

第二，人际关系。北大社会学的前辈费孝通先生曾以投入水中的石块所形成的波纹比喻中国乡村的人际关系。每一个人都像投入水中的石块一样，以自己为中心，形成了一圈一圈波纹似的由亲而疏的关系网，多个“石块”的波纹相互交错就形成了错综复杂的人际关系网。这一观点对于团队中的人际关系也有借鉴意义。复杂的人际关系，对团队绩效产生了很多负面的影响，因为人们把太多的精力耗费在人际关系上。而人的精力是有限的，你这方面花费得多，用在工作上的就少，这必然会影响团队整体绩效。所以，团队一定要创造一种和谐的人际关系氛围，使团队成员可以在简单的人际关系中，轻松而又全力以赴地进行工作。

第三，公平因素。团队当中的每一个成员都有公平的要求。公平可分为程序上的公平和结果上的公平。一般说来，程序上的公平比结果上的公平对团队更重要。比如，在百米赛跑中，在公平的比赛机制下，人们只会向自己而不会向第三人抱怨没有跑第一，但如果参赛者没有站在同一起跑线上，那么人们就会对结果是否公平产生异议，进而影响情绪，影响积极性。程序上的公平是要给人以平等的机会，而结果的公平是要给人以平等的结果。在满足程序公平的前提下，结果上的不公平（这里的意思是不均等）可以反映个人的能力以及努力程度；如果程序不公平，那么就会导致秩序混乱。只追求结果上的公平而忽视程序的公平，其结果恐怕会导致分配上的大锅饭，从而影响业绩突出的团队成员的积极性，进而影响整个团队的绩效。

以上这些问题解决得好，组织内的成员就会协调一致地行动，这样就有可能产生整体大于部分之和的协同效应。所以，人多不一定力量大，必须具有团队精神、目标一致，才能发挥整体大于部分之和的协同效应。

团队精神可以使一个人成大事，可以使一个企业在激烈竞争中处于不败之地，可以使一个民族强大。

冒险风云：我们都是“概率瞎子”

人们为什么会如此热衷于冒险呢？

让我们来玩个游戏吧。有一个赌盘已经一连5次都停在“红”上，第六次你会押哪儿呢？你是否认为下次开转时停在“黑”上的可能性会大些？答案是NO！赌盘每一轮停在“红”或“黑”上的概率始终不变，都是50%，不少赌客就栽在概率错觉上。

神经学家认为多巴胺的量越大，流动越快，那么人就越有寻求刺激的欲望。

寻求刺激的动力因人而异，追求刺激的程度也有天壤之别。有些人比较脆弱，玩扑克牌时小赌一把，也能令他们紧张得心惊肉跳；而有些人即使在跳伞时从飞机上一跃而下，也并不觉得刺激。这类差异或许能用每个人的多巴胺系统来解释。多巴胺是一种神经介质，多巴胺的量不同、在神经元间传递信息的快慢不同，寻求刺激的欲望也就不同。对于最喜欢寻求刺激的人，多巴胺能使他们达到一种真正如痴如狂的状态，心理学家把这一系列生理和心理因素发挥作用的行为称“追求震撼”。比常人更需要多巴胺刺激的人，一般更能承受“追求震撼”带来的生理、社会或钱财等方面的风险，因为他们知道刺激将伴随风险而来。

然而，生物学家杰伊·弗兰认为人类是在利益驱动下冒险的——越是肯冒险，就越有可能变强大。

20世纪50年代美国年轻人追求的是个性解放和自我价值的实现，为此不惜采取极端行为，把所谓的“冒险精神”发挥到极致，甚至将生命当儿戏。

但这并不是20世纪50年代美国青年的专利。据科学家分析，追逐危险、知难而进的行为，其实是人性深处的渴望，不分年代、年龄段以及阶级。

我们可以肯定的是，通过理性思考，人们能抑制自己追求冒险快感的欲望。不过，在大多数情况下，人们并没有这么做。为什么我们不能摆脱这种自讨苦吃的结局？

人类这种追求冒险的习性源于史前时期。当时，地球上生活着两类原始人，一类筑巢定居，另一类则敢于向外开拓新天地。定居者多半待在自己的窝里，靠周围植物和小动物小心翼翼为生。开拓者则到处漫游，他们认识到，大胆行为会增加发生意外的可能性，但同时能让其寻找到更美味的水果和更多猎物。此外，他们还积累了丰富的求生经验，能更好地经受大自然的严酷考验。这些经验丰富的实干者往往活得比较长，能养育众多子女，从而成功地把基因遗传给下一代，直到他们这类人最终得以在人类中占据主导地位。

因此，热衷于冒险是人类的一笔生物学遗产，而对冒险的习惯性爱好则一直遗传下来，今天仍普遍存在。不可否认，大脑把热衷冒险的行为看作是强有力的标志。

此外，在冒险行为中可能存在着某种盲目性，在某些心理学家看来，我们都是“概率瞎子”。

心理调查显示，很难抗拒寻求刺激的诱惑是人类本性的极端表现。人们容易过低估计风险，而过高估计自己的预期成绩，大部分人都觉得自己比一般人强，他们也认为自己比一般人更善于判断优劣，专家们把这种现象称为“乐观倾向”。所以，有时人们完全清楚某些不健康的甚至是玩命的习惯所包含的巨大风险，但仍乐此不疲。

总的说来，人们并不太善于评估风险——从这点来说，我们差不多都是些“概率瞎子”。所以，在赌盘一连5次停在“红”上之后，

许多观赌的人就会产生错觉，以为下次开转时，赌盘停在“黑”上的概率会高些。同样，我们还特别担心会死于横祸，例如遭到谋杀、被闪电劈死或被毒蛇咬死等，尽管遭遇这类稀奇古怪死法的可能性微乎其微。还有，坠机事件在人们心目中引发的恐慌远大于车祸，这是因为飞机坠毁比汽车出事要引人注目得多。实际上，车祸的死亡者所占比例，远高于坠机的死亡者。

由此，我们不禁要问，既然人脑有能力理解复杂得多的数学关系，为何还会犯这些基本的判断错误呢？在大脑进化的成千上万年间，遭受敌人攻击以及被毒蛇咬伤之类的祸事，构成了实实在在的威胁，对这类事件的恐惧心理也就深深地嵌刻在我们的神经系统中，只是在现代社会中这些已不合时宜了。

当你想要冒险的时候，不妨三思而后行，或许有时能防止你冒冒失失地做一些你可能会后悔的事。

破窗效应——当秩序死了

不知道大家有没有观察过，如果一间房子的一扇窗户破了，很快，其他的窗户也会莫名其妙地被人打破。这是为什么呢？这就是心理学中的“破窗效应”。破窗效应普遍存在于生活的各个方面：如果一面墙出现一些涂鸦，很快就可以看到附近的墙面都布满了涂鸦；如果将纸团扔在干净的地上，很快就有其他人把纸团扔在地上。人们总是以为，“我是和别人一样做的，别人这样扔东西没有责任，自然我也就没有责任了”。

为什么会出现这种怪现象呢？我们不妨先来看看心理学家詹巴斗的汽车实验。

1969年，美国斯坦福大学心理学家詹巴斗把两辆相同的小汽车分别放在两个地方，一辆放在帕罗阿尔托的中产阶级小区，第二辆放在脏乱的布朗克斯街区，并取走了第二辆汽车的车牌。结果，第一辆车停了很长时间也“无人问津”，而第二辆车不到一天就被偷了。詹巴斗又用锤子把第一辆车的车窗敲了个大洞。这次，几个小时之后，第一辆车也不翼而飞。

对于第二辆车的被偷，我们大概没有什么疑问，毕竟这辆车停在脏乱的地区。但是对于第一辆车的被偷，我们多多少少都会感到不解：为什么在那个中产阶级的小区停了一个星期都没事，但是车窗被打破之后，几个小时之内就被偷走了呢？

对此，犯罪学家凯琳和政治学家威尔逊解释道：“一辆完整的车，因为没有漏洞，所以很难引起人偷窃的欲望。但是，当它的车窗被打破之后，就给别人这样的暗示：这辆车被打破玻璃也没有关系。因为一个车窗的打破，本身就透露了秩序并不像我们想象的那样完美，也没有引起我们想象的后果——抓住打破玻璃的家伙。相反，这就勾起了人们打破其他玻璃将其偷走的欲望。”

当然，破窗效应并不总是让事情变得越来越糟糕，当我们反其道而行之，它也能巧妙地发挥积极作用。

20世纪80年代，纽约市的城市环境和治安状况相当不好，地铁车厢十分脏乱，到处都涂满了污言秽语。为了解决这种混乱、肮脏的状况，纽约市政府从整洁车厢、查询车票做起。虽然当时的人都认为这是“船都要沉了还在洗甲板”的行为，根本没有什么作用。但是，这个方法实行不久以后，就出现了奇迹：随着城市整体面貌变得干净整洁，人们犯罪的欲望大大降低了；警察在查票时，检查人们随身携带武器的情况，发现带武器的人比从前少了……最后纽约治安和环境都得到了很大的改善。

为什么地铁车厢保持整洁和警察大力查票会让纽约焕然一新？很简单，因为“窗子”被打破了，人们发现原来脏乱的秩序是可以打破的，而且正在被强迫地打破，渐渐地，这就唤醒了人们爱护环境和维护安全的意识。当这种意识渗透到生活的其他方面，恶性循环被打破了，引发了一系列积极的变化，纽约也就变成了另外一个纽约。

懂得了破窗效应的原理，不妨把它运用到工作和生活中，打破恶性循环，让工作和生活有一个良性的发展。

假如我们是领导者，当员工出现了一个小问题，千万不要等闲视之。因为一次小的忽视，看起来是很轻微的、个别的，但之后很可能带来更大的隐患。比如，某个员工因为心情不好而对工作大意，这种不佳的状态很快就会蔓延。一旦发现这个问题，就要尽快与这位员工沟通。尤其是那些触及公司利益的错误，更要及时处理，以免引起不良后果。

同样，在生活中，对于不健康的生活习惯，觉得一下子改正过来很艰难，那么，可以试着先改变某一个习惯，比如不吃早饭、总是熬夜、不做运动中的一项。当我们体验到坏习惯的秩序被打破之后，自然就会慢慢地去打破其他坏习惯的“窗子”。反之，如果把自己原来某个好习惯改变了，很快我们其他的好习惯也会被改变。“不以恶小而为之，不以善小而不为”，讲的就是这个道理。

无论是工作还是生活，千万不要忽视破窗效应的作用，只有在小细节上做好，才能保持自己工作和生活的良好秩序。

进电梯就盯楼层，是什么“病”

乘电梯的时候，人们的眼睛会往哪里看的呢？大部分人都会习惯性地盯着电梯显示屏上跳动的数字，心里跟着默念：“1、2、3……”这是为什么呢？是电梯显示屏有什么神奇的魔力，还是有什么不可思议的心理效应在背后起作用呢？

首先，人们最容易联想到的理由就是，抬头盯着数字看，是在观察自己所要到的楼层是否已经到了。不过除此，乘电梯往上看的行为与我们的“私人空间”有着很大的关系。所谓私人空间，是指在我们身体周围一定的空间，一旦有人闯入我们的私人空间，我们就会感觉不舒服、不自在。私人空间的大小因人而异，但大致是前后0.6～1.5米，左右1米。调查数据显示，女性的私人空间比男性的大，具有攻击性格的人的私人空间更大。在拥挤的公交车或地铁中会感觉不自在，就是因为私人空间被“侵占”。不过，私人空间会根据对象的不同而发生改变。假设一个人前方的私人空间为1米，当面对亲近的人，私人空间也许会缩小到0.5米；当面对不喜欢的人，也许会扩大到2.5米；而对于憎恶的人，我们干脆就敬而远之。人需要私人空间，当他人侵入这一空间，人们就会做出各种反应，在电梯里抬头看就是反应的一种。

电梯是一个非常狭小的空间。在电梯中，人与人的私人空间出现了交集，也就是说互相感觉到对方进入了自己的私人空间，所以会感到不舒服，都想尽早离开电梯这个狭窄的空间。向上看正是想尽快“逃离”这个狭小空间的心理表现。当我们急于离开这个狭小空间时，不停变换的数字能让我们感到电梯的移动，让我们感觉到

自己是在向“解放”前进，从而缓解焦急的心理。在封闭空间里，这种数字变动给神经高度紧张的人们一种安心感，是将要离开封闭走向开放空间的潜在提示。不过，很多电梯的楼层显示数字的部分，竟然没有广告，这让人有点意外：难道广告商都没有注意到这一块资源丰富的“广告沃土”吗？也许很多人忽视了，利用人们乘电梯抬头看的现象，可以创造巨大的经济价值。

和在电梯中一样，在拥挤的地铁中，也会出现类似的行为模式，这就是坐座椅的位置。当很多人涌入一节空车厢之后，长座椅的两端先被人坐满，而座椅的中央后被人坐满。在地铁里，我们经常能看到这样的情景：如果靠边的座椅空着，就会有人从很远的地方跑过来坐下。靠边的座椅只有一侧与别人接触，因而大多数人都喜欢坐在这里，万一不小心睡着了，还可以减少倒在别人身上的概率，用手机发短信时也不用担心被别人偷看了。总之，周围的人越少，我们就越自在。

不过，也不是所有靠边的地方都会让人感到舒服自在，比如公共厕所中靠近入口一端的小便池或马桶就经常受到“冷遇”。快餐店、咖啡馆等高靠背座椅靠近外侧的一端也不太受欢迎。这是因为高靠背座椅本身就可以确保一定的私人空间，而靠外侧的一端反而容易将人暴露。此外，对于长座椅来说，如果两边都没人，有时我们也会选择坐在中间的位置。人的行为真是有趣而多变。

由在电梯里抬头看所反映的“私人空间效应”延伸开看，在公共设施的建设上，我们要注意充分考虑人们对于私人空间的心理需求。而在人际交往互动中，也要注意尊重和理解对方的私人空间，给别人一点理解，也是对自己的尊重。

家庭晚餐：舌尖上的人格

如今生活节奏越来越快，尤其在城市中人们每天都早出晚归，家庭晚餐这种本来很平常的事情也变得奢侈。

有一项统计数据表明，和家人围坐在一张桌子上吃饭的孩子会更加健康和快乐，他们的学习成绩也会更加出色。然而，很多家庭并不能正确地对待家庭晚餐。

人类学家福克斯说：“当做饭被看成重复单调的工作时，家庭晚餐宝贵的一方面就丢失了。”家庭晚餐意味着共同分享，而有分享就有让步，家庭成员不是每个晚上都能得到一份最合自己胃口的菜单，由此也将学会忍让与包容。孩子们处于青春期的时候，这种每天的“投资”能够获得最大的收益。

想象一下家庭晚餐的场景：妈妈戴着围裙，爸爸身穿毛线衫，孩子们把手洗干净后坐在餐桌前，对妈妈端上来的菜肴充满期待。厨房里升起煮豆子的香气，甚至家里的宠物都好像在注意家庭成员之间的谈话。一家人就在这温馨的环境中交流心得，表示期望，原谅对方，相互鼓励。

研究表明，家庭成员一起进餐的频率越高，家中孩子抽烟、酗酒、吸毒、抑郁、进食紊乱和自杀的可能性越小。此外，孩子们更有可能不挑食，在学校认真学习，而且知道怎样在餐桌上做到举止得体。“如果只是为了填饱肚子，我们可以把食物用管子灌进孩子们的嘴里。”美国新泽西大学的人类学家罗宾·福克斯说，“家庭晚餐通过一种奇妙的方式影响了家庭成员的内心世界，一顿饭让孩子接受教育，教他们成为我们文化中的一员。”

家庭晚餐不一定是那种丰盛的节日大餐，也并非一年难得几次，而是经常性的。它也许很快就能吃完，也许吃饭时的谈话让人丧气，也许每个家庭成员都有自己更想去吃饭的地方，可是尽管如此，家庭晚餐还是一家人不可或缺的生活体验。你会和家人一起讨论一个主意或观点，在这期间没有人会是愚蠢的、害羞的或者感觉蒙羞。如果一个家庭有这个习惯，你就有可能从中获得力量。有社会学家声称，这种家庭成员共同行为的效果好比疫苗，它能保护孩子远离各种危害。

除了给孩子一个更加平衡和多样化的膳食结构，家庭晚餐还能够传递家庭的某些观念。通过这种方式，一个家庭建立起自己的认同感和文化。家族的故事从一代传给下一代，由此建立起来的价值观念也会被用来审视外面的世界。此外，年幼的儿童将在家庭晚餐中学习父母的词汇，逐渐学会开展有效的交流、寻找解决问题的方法、倾听他人的担忧、尊重别人的口味。

研究发现，绝大多数的未成年人希望能更经常地和家人吃饭，反而是父母有时候不想这样。美国作家米瑞安·温斯坦说：“我们说服自己，未成年人明显不喜欢他们的父母，他们只和自己的同龄人在一起。但是我们太过极端，好像子女不需要自己的家庭一样。实际情况并不是这样。”她责备一些父母，因为他们将家庭晚餐减少的原因归罪于未成年子女，其实他们自己也是共谋者。她还说，父母也许是忽视了自身行为才得出这样的结论，他们认为把孩子送去参加课外活动要比在餐桌边花一小时和孩子聊天更有价值。

或许你还不能很好地理解家庭晚餐的重要性，但是，希望你看完这篇文章之后，可以更加重视家庭晚餐。为了你的家人，放慢脚步，花上一刻钟跟家人一起吃个晚餐，聊一下天，你会发现你的家庭更加温馨。

催眠大师，无处不在

生活中，有很多事情自己是不想去面对的，因此，当事情发生的时候，会觉得无力应对及反抗，悲观的人就用自我催眠的方式麻痹自己，选择逃避，觉得踏出舒适圈是一件非常骇人的事，把决定权交给命运，处于一种庸庸碌碌的状态。

一个学生将要参加主持人大赛的半决赛，请我支着儿让评委在3分钟之内记住她。我根据她的情况，拟订了一个出场的方式。

上场之后，落落大方地摆好站姿，并不说话，而是拉远目光，先将观众扫视一遍，然后收回目光，与评委老师一一对视，并以优雅的姿态与评委打招呼：“各位老师好，我们又见面了！”

这是个“荒唐”的招呼，因为这些评委与她之前没有见过，于是就会有评委问：“这位选手，我们什么时候见过面？”

正中下怀的问题，她按照步骤回答：“昨天晚上，梦里！”这时，她便开始最为关键的三句话介绍，这三句话是这样的：“XX，带着21年梦想的XX（停顿），XX今天把21年奋斗所得的能量展示给大家（停顿），请看XX接下来的表现!”

这个开场成了该环节最有吸引力的开场，这位学生最后也如愿以偿地赢得了比赛。这个过程具体解释是：开场的冷场引起了评委与观众的紧张；接着与评委对视，让评委感到意外，忍不住去注意该选手的形象——这正是她的优点；接下来，一句“我们又见面了”再次引起评委老师的好奇，而回答则给这些善于用画面思考的评委带来了想象，他们对选手的感觉就会更为亲近，自然非常想要知道选手的名字；而最后三句介绍，重复了四次名字，又将一个为梦想努力的女孩的形象完全展示了出来，这一来评委怎么会不记得这位选手呢?

要走出舒适圈，最重要的是从小处做起，先完成那些你力所能及的事，选择一种较小的无效行为模式，通过准备式的训练来学会控制恐惧行为模式是恐惧专家们使用的一个秘诀。通过身体上的行为来改变生活中细微的行为模式，你会逐步踏出舒适圈。当你踏出舒适圈，你就是在改变行为模式，开始控制自己。当你在某一领域重新控制自己，你就会有信心在其他领域得到改变。切忌脱离实际，无论你的恐惧行为模式是什么，都要做好准备，逐步改变。当你开始迈步踏出舒适圈时，无论步伐多小，都要奖励自己。

人的一切行为都受到内心各种各样感觉的影响，这些感觉来自过去储存在大脑里的画面。最重要的是，这些画面在进入人的大脑时伴随着什么样的情绪体验，这种情绪体验就直接影响此人下一次在遇到同样事情时所采取的决定。人在快乐的时候，内心的阻抗与评判是最少的，此时发生的事情也最容易被接纳。不仅如此，人在面对变化万千的世界时，经常会有一种对“恐惧”这种感觉的忧虑，即我们所说的不安全感。而这种不安全感，会使我们在行动的时候犹豫不决。

当画面清晰地展现在眼前时，我们往往会多想几次，而这正是一个重复的过程，然而事实上，这是一种偷换概念的行为，但是由于我们已经被美好的表象催眠了。有句话叫作：“谎言重复一千遍也会成为真理。”是说听者已经被大量重复信息催眠了。如果说一遍、两遍我们的左脑会通过评判机制将其抵挡在外，但是一个月、两个月甚至三年、五年每天不断地循环灌输，再强大的评判机制也有被摧垮的一天。广告便是用这种方式进行催眠的。

除了广告，权威的催眠能力在很多别的场合也得到了体现。人们对权威的崇拜和权威情结的迷恋，让他们对所谓的权威信服、听从。名人的成功带着人们所羡慕的光环，因此，名人在人们心目中已经成为一个羡慕、崇拜、想要模仿和接纳的榜样。名人的行为、语言，甚至外在的装饰、声音、眼神都会被人们的潜意识接纳，达到催眠效果。

榜样的催眠力量在人类文明发展的过程中起到了相当重要的作用。他们的催眠效果，使后人不断传承他们所带来的美好东西，并且在传承的过程中挖掘深的层次、扩充新的内容、纠正现有的缺陷，加上时间的沉积，使得我们的认识水平不断提高。正如牛顿所说：“如果说我有什么伟大之处，就是站在了巨人的肩膀上。”“日韩流”，第几次催眠了你？从早期风靡大陆的日剧《排球女将》《东京爱情故事》到最近几年流行的韩剧《蓝色生死恋》《浪漫满屋》等，日、韩剧总是能在中国荧屏上刮起一阵收视旋风。

可以说，催眠大师，简直无处不在。因为每个人都追求完美，所以在人生的路上，我们往往会关注那些自己没有的品质、能力、经历等等。很多时候我们会做一些事情来弥补这种缺憾，以满足内心深处对完美的渴望。

海塞尔惨案：理智迷失的“足球流氓”

你有没有注意到，一个人单独在半夜看恐怖电影，会特别恐惧；但是，如果跟朋友几个人相约一起看，气氛就会变得轻松点，没那么紧张。外出旅行也有类似的情况，当一个人徘徊在陌生地方

的时候，总会有某种因好奇心和解放感引起的兴奋，又会有点紧张。但是，和亲朋好友一起出去就不同了，即使对周围环境还不十分熟悉，也没有充分的计划，也会变得大胆许多。

这种心理并不是在看恐怖电影或旅行时才会出现。在会场上，当大家一起自由地讨论想法，商谈战略战状时，比起每个人独自思考提出的意见想法会更大胆。尽管客观状况没有改变，仅仅是人数的增加，就使大家变得自如洒脱起来，倾向于提一些更大胆的想法。虽然大胆的方针策略会伴随着很大的风险，但由于人数多，责任分散，大家会很容易轻松地提一些大胆的意见或行动。同样，当一个人的时候，即使有恶作剧的念头，也往往不敢去做。可是，当几个人聚集在一起玩得兴致勃勃时，即使没人带头也可能会这样去做。美国心理学家对此展开了实验研究，结果发现集体决策与个人决策相比，集体决策似乎的确存在更加具有冒险性的特点。心理学家在实验中先提供这样一个情境：有一个工程师，他已经结婚了，并有一个孩子。6年前他大学毕业便进入一家大型公司上班，工作稳定，收入中等，福利不错，将来还会有一大笔退休金，但是在退休之前工资不可能大幅度增加；另外，还有一家小型公司正在招人，工资很高，还有奖金与股权，可惜收入并不稳定。现在让大家为工程师做参谋，帮助他做出最符合自身利益的选择。实验中先让一些人单独提出建议，然后再组成小组，一起讨论，共同提出建议。结果发现，各人在团体决策下所提的建议比单独情况下所提出的要冒险得多。

人多变得胆大，还有更加极端的情况。如果世界杯足球赛在哪个城市举办，想必主办城市的居民必定会兴高采烈，但当地的警察肯定是高兴不起来的。为什么警察高兴不起来呢？因为“足球流氓”遍布各个足球场，制造许多骚乱，严重威胁日常安全问题。欧洲的男子足球水平很高，但欧洲的足球流氓也同样大名远扬，尤其是英格兰的足球流氓，足以使任何球场保安谈虎色变。1985年5月，比利时海塞尔体育场欧洲俱乐部冠军杯赛决赛现场，由英格兰利物浦队和意大利尤文图斯队争夺冠军。比赛中途，利物浦球迷率先挑起骚乱，暴力冲突中双方球迷死46人，伤逾百人，上演了空前的惨剧。“海塞尔惨案”已经过去了好多年，然而球场暴力却有增无减。鉴于惨案愈演愈烈，国际足联前主席布拉特已经一再指出，球场暴力已成为足球事业发展的毒瘤，也是足球运动的耻辱。那么，这阴魂不散、“我行我素”的球场暴力，究竟有些什么奥秘呢？

心理学家做了如下一些解释：首先，天生好冒险的人往往在集体中有较大的影响，他们更健谈，嗓门也高，因此容易让集体接受他们的主张。其次，当个人提出建议时，由于不熟悉情况而心中没数，因此小心为上；而在集体讨论后，每个人对情况会有更全面也更深入的了解，也就敢于提出冒险性的建议了。最后，集体中会发生责任分散效应，出了错，责任平摊，每个人所承担的较轻，因而易于主张冒险，而一旦决策正确，各自所获得的利益并没怎么减少。

这个解释提醒我们，不要过分依赖群体，对集体做的决策不要过于相信。对多人做出的决定充分考虑，冷静地用个人的头脑仔细思考一下，这个决定是不是过于大胆和冒险了？如果我们自己是负责人，就更应该如此，因为最后集体不会为这个决定负责的。三思而后行，以免最后没有在集体的力量下做出更好的决策，反而独自为集体的决策背黑锅。

去个性化：你正在给自己“匿名”

人们在观看演唱会或晚会时，当听到舞台上某个演员演唱出自己熟悉的音乐时，往往会不自觉地跟着哼唱，以至于越来越多的人

跟随着大声唱出来，把整个现场推向高潮。人们为什么会出现这种不自觉的行为呢?

很多人都有这样的体会，如果周围没有人认识自己，没有人际关系的束缚，哪怕是一个害羞的人，在这种场合下也会大声唱歌、高声呐喊助威。因为当人把自己埋没于团体之中时，个人意识会变得淡薄，心理学将这种现象称为“去个性化”。

去个性化又叫个性消失，也称去压抑化、去抑止化，是指个人在群体压力或群体意识影响下，会导致自我导向功能削弱或责任感丧失，产生一些个人单独活动时不会出现的行为。

这个概念最早是由法国社会学家G·勒邦提出的，意指在某些情况下个体丧失其个体性而融合于群体当中，此时人们丧失其自控力，以非典型的、反规范的方式行动。人们在群体中通常会表现出个体单独时不会表现出来的行为。例如，处在团伙中的个体有时会跟团伙表现出一些暴力行为，而这种行为在他单独时不会表现出来。

当人把自己埋没于团体之中时，个人意识会变得非常淡薄。个人意识变淡薄之后，就不会注意到周围有人在看着自己，觉得“在这里我们可以做自己喜欢做的事情”。人们都有这样的心理，反正周围也没有人认识自己，也没有人际关系的束缚，因此害羞的人在这种场合下也会大声唱歌、高声呐喊助威。

于是，本来性格内向、羞于在人前讲话的人，看演唱会时也会跟着大声唱歌，看体育比赛时也会高声为运动员呐喊助威。从而使同样一个人在不同的状况下发生完全不同的变化。此外，大声喊叫出来，也是一种释放精神压力的方法，可以使人心情舒畅。

虽然大声喊出来可以释放情绪，但我们把握不当这种去个性化的状态，持续发展下去，就会存在一定的危险性。当人的自我意识过于淡薄时，就会开始感觉什么事都不是自己做的。比如，狂热的足球迷，如果自我意识过于淡薄，就可能发展成危害社会的“足球流氓”。当然，去个性化并不会在所有情况下都能导致人丧失社会性。在保持着社会性的团体中，去个性化也很难使人做出反社会的行为。

心理学家金巴尔德曾以女大学生为对象进行了一项恐怖的实验。他让参加实验的女大学生对犯错的人进行惩罚。这些女大学生被分为两组，一组人胸前挂着自己的名字，而另一组人则被蒙住头，使别人看不到她们的脸。由工作人员扮成犯错的人后，心理学家请参加实验的女大学生发出指示，让她们对犯错的人进行惩罚，惩罚的方法是电击。

实验结果表明，蒙着头的那一组人，电击犯错者的时间更长。由此可见，有时，去个性化会让人变得很冷酷。

某媒体曾报道过这样一个事件：城市中心的一个高楼顶上有个小伙子要跳楼自杀，救护车、消防车呼啸而至，警察在为挽救生命苦苦努力。而高楼下看热闹的人越聚越多，突然人群中有人大叫“快跳呀”，其他人也跟着附和起哄，最后在众人的“怂恿”和“鼓励”声中，年轻人对人间不再留恋，从楼顶飘然而下。

这个故事中，人们的行为是冷漠的，而造成这种情况的原因就是去个性化。在这种情境中，“看客”们每个人都不再是自己，而是一个“匿名”的、和他人无差别的人。在去个性化的情境中，人们往往表现得精力充沛，不断重复一些不可思议的行为而不能停止。人们会表现出平常受抑制的行为，而且对那些在正常情况下会引发自我控制机制的线索不加反应。

金巴尔德认为，去个性化产生的环境具有两个条件：匿名性和责任模糊。匿名性即个体意识到自己的所作所为是匿名的，没有人认识自己，所以个体会毫无顾忌地违反社会规范与道德习俗，甚至法律，做出一些平时自己一个人绝不会做出的行为。

责任模糊是指当一个人成为某个集体的成员时，他就会发现，对于集体行动的责任是模糊的或分散的。参加者人人有份，任何一个个体都不必为集体行为而承担罪责，由于感到压力减少，觉得没有受惩罚的可能，没有内疚感，从而使行为更加粗野、放肆。

去个性化是一种自我意识下降，自我评价和自我控制能力降低的状态。个体在去个性化状态下行为的责任意识明显丧失，会做出一些通常不会做的行为。如集体起哄、相互打闹追逐，甚至成群结伙地故意破坏公物、打架斗殴、集体宿舍楼出现乱倒污水垃圾等，都属于去个性化现象。

心理学家指出，在群体中的个人觉得他对于行为是不用负责任的，因为他隐匿在群体中，而不易作为特定的个体而被辨认出来。这样他们融于群体中，有的成员甚至觉得他们的行动是允许的或在道德上是正确的，因为集体作为一个统一体参加了这一行动。一般来说，一旦去个性化开始并聚集力量，就难以逆转或是停止。

“去个性化心理”是群体成员普遍具有的一种心理，既可能导致消极行为，也可能导致建设性、创造性行为。因此，我们要加强自我监督的管理和个人素质的提高。

意志加速中——谁在谋杀自控力

红玫瑰与白玫瑰

张爱玲在小说《红玫瑰与白玫瑰》里说，男人心中往往有两种女人，一种是红玫瑰，一种是白玫瑰。得到红玫瑰的，白玫瑰成了“床前明月光”，可望而不可即，红玫瑰则成了墙上的“蚊子血”；得到白玫瑰的，红玫瑰成为心中永远的“朱砂痣”，白玫瑰则成为“衣服上的饭粒”。

从中可以体会到这样的含义：得不到的永远是最好的。

其实，在生活中，这样的情况也很常见。比如，萨特、王尔德、劳伦斯等人的作品一度被西方统治阶级列为禁书，但是被禁不但没有使这些书销声匿迹，反而使它们名声大噪，扩大了它们的影响，激起了更多人一探究竟的好奇心。

再如，有些家长总是喜欢禁止孩子做一些事，如不许早恋、玩游戏、网络聊天等等。但是，如果一味地严厉禁止，而不讲明利害，就容易使孩子产生逆反心理，使他们在好奇心的驱使下甘冒风险，从而使教育走向了反面。此类现象，即为“禁果效应”。

在现实生活中，禁果似乎分外香甜，越是禁止做的事，人们越想做。《圣经》中亚当和夏娃被逐出伊甸园的故事，就暗示了人类

本性中的禁果效应倾向。

越是被禁止的东西或事情，越会引来兴趣和关注，使人充满窥探和尝试的欲望，千方百计地试图获得或尝试。禁果效应存在的心理学依据在于：无法知晓的神秘事物，比能接触到的事物对人们有更大的诱惑力，也更能促进和强化人们接近和了解的需求。“吊胃口”“卖关子”之所以更能引起人们的兴趣，就是因为人们对完整信息有着一种期待心理，一旦关键信息在接受者心里形成接受空白，这种空白就会对被遮蔽的信息产生强烈的召唤。这种“期待—召唤”结构就是禁果效应存在的心理基础。

在为人处世中，我们可以灵活地利用这种心理。如果不想让某人做某事，最好不要直截了当地提出“禁令”，不如假装若无其事，或者有意无意地阐明某事的害处，或者根本就不发表意见而见机行事……反过来，有时也可以用这一技巧让别人帮我们做事，比如使用激将法，告诉对方某件事他或许做不了、不能做，如果对方是颇有好胜心的人，就有可能反被说动而自行请命。

虫子咬不疼，那就换条鲨鱼

面对刺激，也许一开始会感到兴奋，但很快就会适应这种刺激，进而对这种刺激再也没有反应了。是什么让人在刺激面前慢慢变得麻木呢？

心理学家通过实验发现，当一个人右手举着300克的砝码时，在其左手上放305克的砝码，他并不会觉得左右有多少差别，直到左手砝码的重量加至306克，试验者才会察觉出重量有差距。如果让他右手举着600克的砝码，这时左手上的重量要达到612克，他才能感觉到重了。当右手举的砝码越重，左手上就必须加更大的量才能感觉到差别。

实验结果表明，添加更多的重量才能感觉到与已有重量的差别。由此，心理学家得出了“贝勃定律”：当人经历强烈的刺激后，再施加的刺激对他来说会变得微不足道，只有施加更大的刺激，才能使其产生强烈的感觉。被虫子咬不疼，那就换条鲨鱼，刺激太微弱容易被忽视，那就换一个更有力量的。

如果我们仔细观察，不难从生活中发现贝勃定律的具体体现。比如，一份报纸卖1元钱，人们已经习以为常，当售价改为1.1元，人们不会有太大的感觉，但是如果原本1元钱的报纸突然变成了10元一份，人们就会想“怎么这么贵”；而原价为5000元的笔记本电脑涨了50元，人们则不会有这么大的反应。这说明能否产生强烈的效果，与人们接受的心理刺激有密切关系。如果原来一份报纸卖9元，涨到10元，人们也不会觉得无法接受，如果原价5000元的笔记本电脑突然涨了2000块，人们就会感到刺激很大，无法接受。购物时，人们会对原本几千块、现在1折起的奢侈品特感兴趣，在一年一度的打折季中为抢得一杯羹而沾沾自喜；却对原本几百块，现在1折封顶的平价品嗤之以鼻，嘴里甚至还要嘀咕，天天打折真没劲。办公室里，新人A忙前忙后拿报纸收快递，而隔壁的新人B却如同屁股长了钉子一坐就不起来；一个月后，A终于累了，快餐盒饭不想去取了，此时隔壁新人B站了起来，同事们抱怨A“大不如前”，却夸赞B“进步”。

心理先后接受的刺激度差距决定其会产生什么样的反应，有落差，才会产生强烈的效应。比如，在现实生活中，周围的人都与你的生活条件差不多，你就不会有别的想法，觉得自己很满足；如果你身边的人一个胜一个地比你富有和成功，你就会产生强烈的落差感，觉得自己生活得很不好。

一个女孩和自己的母亲因为一件小事吵架后赌气离开了家。女孩在外逛了一天，肚子很饿，于是她来到一个面摊，想要吃一碗面，却发现自己忘记带钱了。面摊老板很善良，免费给女孩煮了一碗面。女孩十分感动，对面摊老板说：“我们不认识，你对我都这么好。可是我妈妈，却对我那么绝情……”说着就哽咽着哭了。

面摊老板看着女孩说：“你这小姑娘，我仅仅是给你煮一碗面吃，你就这么感激我。你妈妈帮你做了十几年的饭，难道你不应该更感激她吗？”女孩听到面摊老板说的话，一下子愣在那里了！她心里想：是啊，妈妈辛辛苦苦地养育我那么多年，我非但不感激她，还因为小事和她吵架，真是不应该！

女孩知道自己错了，于是急急忙忙地往家的方向走去。快要到家的时候，女孩远远就望见了疲惫而焦急的母亲正在路口四处张望。妈妈终于看到了女孩，对她没有一丝的责怪，而是喊：“饭早就做好了，快回去！看你冻的！”此时，女孩的眼泪忍不住夺眶而出。

相比而言，陌生人当然没有亲人和朋友对自己好，但是我们在“贝勃定律”的影响下，就产生了这样的心理错觉。对于陌生人的帮助，我们应当报以适当的感动，而对于亲友的帮助，更应该报以更大的感恩。在日常生活中，我们可以将“贝勃定律”用在更多有利的地方，同时也能避免其所带来的消极作用。

不能美容、减肥、抗疲劳的茶叶不是好茶叶

但凡喜欢网络游戏的人都知道，玩游戏时，总会看到一些花样翻新的广告。其实，这是网络游戏与商家的一种合作，通过在游戏

里策划活动，让游戏玩家了解商家的品牌，促成商家的品牌推广和销售的增加。

商家巧妙地把网络游戏与触觉体验捆绑在一起，就像现在很多电影里植入的广告一样，进行软性的广告宣传。游戏运营商也通过这样的途径增加收入。

网游营销与传统销售不同的是，网游营销不但需要掌握用户的心理学，还要引导用户的触觉、视觉以及嗅觉，而网游营销在夺人眼球方面更胜一筹。网游厂商为了吸引眼球，制胜法宝更是层出不穷。

在网络游戏里，商家常用的手段只是从用户角度考虑营销，通过这种思维去设计、组合游戏道具。而在商品中加入一些说明，会让用户更加心动。特别在游戏道具中，如果一把剑的说明生动形象，就会提升用户对游戏的满意度。

这样做的道理很简单，正如现在卖茶叶的，如果茶叶说明中加入美容、减肥、抗疲劳等功效就会让这些商品备受关注，从而刺激相关商品的消费。

除了视觉，听觉对网络营销来说也很重要。如在某个场合播放古典音乐能让人们感觉到自己高雅，正如促销中欢快的音乐可以刺激人来积极消费一样。声音会带动人的细胞，一阵惊讶的或感叹的声音也许是对人们最有力的吹捧，让他们感到物有所值。

对网络营销来说，无论是重视视觉还是听觉，都是抓住了用户的心理需求。如今的微电影营销也是如此。

所谓微电影，是指超短时放映、微周期制作和微规模投资的视频短片，内容融合了幽默搞怪、时尚潮流、公益教育、商业定制等主题，可以单独成篇，也可以系列成剧。

微电影由于拍摄成本低廉，因此一般很难承载“大”的话题，

都是走轻松、恶搞路线，比较容易成功。直白来讲，网游微电影就是以前我们常说的“剧情类网游视频”，只不过换了一个时尚的名词而已。

网络游戏发展到今天，有人提出了拒绝低俗的口号，也许会有人说这是一个噱头。但这样做的初衷如果能够得到业界的认同，无疑会对建立一个良性发展的游戏市场起到促进作用。

这只股票肯定涨，因为他们的甜甜圈很好吃

投资是一项需要专业知识和理性分析的工作，但是很多人在买股票的时候，并未深入思考分析便做出了判断，选择一只股票的原因仅仅是觉得他们没有缘由地喜欢这只股票。这样凭借直觉指引做出的判断，会给股票投资的局势带来怎样的影响呢？

1999年，电脑读写公司（Computer Literacy，Inc.）的股票在一个交易日内狂涨33%，至于背后的原因，仅仅是公司名称在这一年里和疯狂至极的.com联系到了一起。1989—1999年，出现了一类特殊的股票，它们的市场业绩居然比业内其他股票高出63%。究其原因，仅仅是因为这些股票的发行公司堂而皇之地把.com、.net或Internet放在自己的名字里。

可见一只股票的涨跌，有时候并不是因为发行股票的公司本身的盈利状况良好，而是股民的行为将它推向了高峰或者低谷，而大多数股民的判断，仅仅是出于直觉和偏好。

在纽约市，有一名叫克拉克·哈里斯的肠胃病医生，在不久之前买进了一家农业和建筑设备公司——凯斯纽荷兰环球公司（CNH Global）的股票。当有朋友问哈里斯为什么认为这只股票会上涨时，这位在购买股票前通常要做一番研究的医生坦率承认，自己对这家位于荷兰的公司几乎一无所知。显然，从来就没有离开过大都市的哈里斯，既不了解农业拖拉机，也不知道干草打包机，更不熟悉推土机或是锄耕机。但不知道出于何种原因，他就是喜欢这只股票。克拉克·哈里斯医生的解释是——自己的全名是克拉克·尼尔森·哈里斯（Clark Nelson Harris），而这家公司股票在证券交易所的交易代码是CNH，这恰好也是自己名字的3个首字母。他不无欣喜地承认，这就是自己购买这家公司股票的原因。当朋友问是否还有其他什么原因促使他做出这笔投资时，克拉克·哈里斯医生直截了当地回答：“我就是喜欢它，对它有种说不出的好感，没有别的原因。”

在波士顿凯尔特人队股份公开上市交易的那段时间里，其股票价格基本不受新球馆建成等重要经济因素的影响，相反，股价的涨跌几乎完全依赖于球队在前一天晚上比赛的胜负结果。至少从短期来看，凯尔特人队的股价并不取决于收入或是净利润等基本因素，而是被球迷最关心的比赛结果所左右。

其他投资者对感觉的依赖，甚至比哈里斯医生或是凯尔特人队的球迷们更加严重。

2002年年底，一位交易商在解释自己买进脆奶油甜甜圈公司股票原因的时候，就直言不讳地说：“太不可思议了，我们老板竟然以每个6美元的价格为全公司买了300多个甜甜圈。天哪，太美妙了！千万不要用咖啡就着甜甜圈吃，那就糟蹋了这么好吃的东西了。还

是再买点股票吧。”谈到奶油甜甜圈公司的股票，另一位投资者在论坛中大肆宣称：“这只股票肯定会直线飙升，因为他们的甜甜圈太好吃了。”

这些判断的第一个共同点在于——都是错误的。自从克拉克·哈里斯医生买进CNH之后，该公司的业绩就一直低于市场大盘，很多互联网股票在1999—2002年的跌幅竟然超过90%。事实上，在休战期，波士顿凯尔特人队的股价甚至比赛季期间还要高，而脆奶油甜甜圈公司股票的下跌幅度则高达75%，此时的甜甜圈和以前一样酥脆可口。

而第二个共同点则在于——都源于直觉。购买这些股票的投资者并没有对投资进行研究分析，相反，他们只是在跟随着自己的感觉或是情绪。

但是，这样的思维模式绝不只属于那些看似天真幼稚的散户投资者。据说，乔治·索罗斯就曾因为背痛而抛掉手里的股票。而一项针对250位金融分析师进行的调查发现，在投资估值中，他们的首要任务就是把干瘪枯燥的事实编织成一个动人而又不乏说服力的“故事”。基金经理总喜欢高谈阔论一只股票是否让他们“感觉良好”，而专业交易商们则习惯凭“直觉告诉我”这样的论调，每天将几十亿美元把玩于自己的股掌之间。

在生活中有时我们会感叹“直觉是准确的”，但是在投资这个问题上，这种观点相当冒险。当面临的状况比较简单时，直觉的确可以为我们带来精彩的决策。遗憾的是，我们在投资中面对的情况很少会这么简单，而影响成功的关键性因素也很可能起伏动荡（至少短期来看是这样的）。所以，在复杂的投资环境中，如果不想自己的金钱打水漂，那么还是理智一点，不要让直觉把钱都玩没了。

喜马拉雅山的猴子

有一个故事，说的是一个神棍去骗人，他说自己能够教给别人一种点石成金术，人们给了他大量的财物换取他的咒语。在他快要离开的时候，他对那些人说——这个点石成金术百试百灵，但是有一点，你们在念咒语的时候千万不要想起喜马拉雅山的猴子。后来，所有人的法术都没有成功，因为他们总是会在念咒语的时候想起喜马拉雅山的猴子，虽然他们不知道这和点石成金术有什么关系。

有意识地寻找新的注意点，无意识地寻找那个自己极力避免的想法，目的是为了查漏补缺，进而从我们脑中剔除那个想法。

当希拉到一家广告公司应聘中层管理人员的职位时，她看起来并不紧张。对于在现场被问到的一些刁钻问题，她承认自己当时表现得很不好。其中一个原因是她怕自己会说些不该说的话，比如对面试官的着装或是公司的内部信息评头论足。希拉尽力不去想这些，结果反而导致她无法集中注意力。

设想一下，你在一次晚宴中，手拿一杯红酒走过女主人新买的白色地毯，并提醒自己“别洒上去”，这实际上可能会给你带来最不想要的结果——尽力避免去想某件事反而可能导致你更多地去想这件事。

丹尼尔·魏格纳是哈佛大学的一位心理学教授，他倾注了自己大量心血来研究为什么人极力避免的想法或行为终究还是会发生。当我们尽力避免想到某事时，往往承受了巨大的压力。在压力之下，只有“无意识”过程在运转，这个过程完全向着寻找自己极力避免的事物前进。因此，我们很有可能脱口而出自己极力避免说出的话，或者做出原本极力避免的动作或行为。

当高尔夫球员被要求避免推出长距离球时，他们反而最容易搞砸。足球运动员在罚点球时被要求避免让守门员够到球，结果该球员更可能将注意力集中在守门员身上而将球踢向守门员。当你发现自己正在想着极力要避免的事情时，该如何是好？冥想也许能帮你学会不要老想着那些你尽力避免的事，特别是在承受压力的情况下，冥想的效果更加明显。冥想能帮助人分散对那些极力避免的事情的注意力，进而清除它们。清除这些想法可以降低日后这些想法再度出现的可能性。

此外，将你想要避免的想法写出来可以帮你一吐为快，继而减少它们在最需要避免的时候出现的可能性。

有时，限制自己的知觉，比察觉我们可能面对的各种选择和情境还要容易得多。你的身份认同系统会帮你限定自己，给你一个固着而分离的自我认同。不过代价就是焦虑、过度忧虑、身体紧张，以及受限的觉察。只要简单地运用身体的智慧，就能过上最理想的生活。自长大成人之后，我们已忘掉属于自己内在的能力，那个可以扩展意识、超越担忧和痛苦的能力。

生活中，很多事情是无法预料的，也无法避免的，要学会进入你的感官使身体放松，进而缩减你生气的力量，避免不想发生的事情发生。

桌子乱，脑子也会乱

不断被职场人士提到的“桌面形象”论，并非没有根据。对工作人来说，办公室内，一言一行都需要智慧，每个人那“一亩三分田”——办公桌更是个人的长期形象代言者。其实，办公桌是反映人内心的一面镜子。

桌子上东西摆放凌乱，思维也不会有条理，结果常常是自己也不知道自己在干什么。有些人无论提醒他多少次，办公桌上总是弄不整齐。他们会谎称“桌子越乱的人工作越繁忙”或者“只是你看起来乱而已，我很清楚每一样东西的位置”，然而从心理学的角度来说，这是不成立的。脏乱的办公桌只会让邋遢的员工们工作起来更有压力。

现在的办公室里，如果你仔细观察就可以发现，在一张张桌子上隐藏着许多的秘密。如果你能够掌握这些秘密，就很容易看出一个人到底是什么样的性格。

不喜欢收拾办公桌，与一个人长久以来的生活习惯、本身的个性及心里滋生的惰性都有关系，也有些人是为了释放内心压力而故意这样做。但一张积满灰尘的凌乱办公桌，会使人们的思维凌乱，产生烦躁的情绪，影响工作效率。桌面很乱的人比较粗心，工作上的错误也会很多，并且，他不会把这些错误当成教训，而会反复地犯同一个错误。如果抽屉里也像是垃圾堆，找一样东西要把所有的东西全部翻个遍，到最后可能还是找不到，这样的人工作能力差，效率也极低，他们的逻辑思维能力很差，并且缺乏足够的责任心。

在某单位业务交流研讨会上，主管领导向全体工作人员介绍了他不算经验的一条“经验”：每天下班后，一定要抽出十几分钟时间，将自己的办公桌桌面整理一遍。批示完毕的文件，一定要转交出去，绝不能在自己手里过夜；暂时没有用的文件，一定要存入档案柜，绝不能杂乱地堆在眼前；需要处理的文件，一定要整理好放在办公桌显著的位置，绝不能对待办的事情心中无数。然后，在整理完毕的办公桌前，认真总结今天的工作，计划明天的工作。他说若能每天坚持这么做，一定会有收获。

他解释道，可千万别小看这不起眼的十几分钟。整理好自己的桌面，其实是一个打理工作的过程。将批示文件转出，就是不要让紧急事件在自己这里搁置，否则，一搁置就很容易忘记，甚至造成重大失误；将无用文件存起来，就是千万不要让过去的事情、没用的东西占据自己有限的大脑，以免产生紧张情绪，对心理、工作产生负面影响；将待办文件整理出来，就是千万别让日后的工作盲目无序，一定要分清轻重缓急，做到心中有数，这样各项工作才不会拖延、不会出错。这样一来，工作效率不提高都是不可能的了。

那么，应该如何收拾自己的桌面呢？干净整齐很容易，放置和布局也能体现你的工作精神。

日本知名设计师佐藤可士和建议，着手整理办公桌之前，要先问自己一个基本问题：“是否真的需要该项物品？”也就是说，要大刀阔斧地舍弃多余的东西。以下就是可供参考的打造高效办公桌的六招。

（1）办公桌面空无一物，才是理想状态。办公桌是工作平台，不是摆放物品的仓库，非摆在桌面不可的东西，大概只有计算机跟电话，就算要放置当下会用到的东西，也要在工作结束后马上收拾干净。

（2）为需要的物品设定优先级。

（3）每件物品放在固定位置。建立固定的工作模式，也会事半功倍。

（4）东西无法定位时，要设法解决。笔筒塞满了，很多人就会把笔乱放，使桌面更凌乱。因此，重点在于不能让物品误入其他空间，要限制在固定位置的范围里，并随时检视、整理。

（5）文件或数据只保留最终版本。相较于文具，文件或数据更容易积累，但整理原则大致相同，亦即“排除相同物品、保留最后一份”。像企划书这类会不断更新的文件，只需保留结案后的最终版本。此外，最好要将资料全部数字化。

（6）规划一个“自由空间”。

为了避免在工作中重复犯错误，以上方法可以借鉴。

“阿宅”，你主动自闭好久了

朋友们谈起阿木，都说他是典型的“阿宅”。阿木三年前从老家来到北京，在一家网络公司担任程序员。阿木的生活轨迹呆板而无趣：上班，下班，吃饭睡觉，周而复始。有时候忙起来，连续十几天都待在公司处理各种事情。按他的说法就是“没有娱乐的人生，只有工作的生活”。

两年后，阿木从网络公司辞职，也搬了家。没有多久，他便在一家设计公司找了份工作。他不需要去公司上班，只要按时将自己的设计交给公司就行。这正是阿木愿意接受低工资的原因。此后，他的朋友就很难再见到他的身影，有时打电话过去，手机也是处于关机状态。

阿木现在的工作、生活都在家里完成，每天睡到自然醒，吃饭叫外卖，报纸刊物会有人定期送到家中。除了出门理发和倒垃圾，阿木几乎大门不出、二门不迈，整天窝在家中，还找了几份给时尚刊物画插图的差事。他现在常说的一句话是“我过得很滋润”。

过得滋润，活得潇洒，能自主掌控生活和工作，这或许是宅人们的普遍想法。外面世界太复杂，与人交往太麻烦，开口说话太累人，宅在家中敲敲键盘，晒晒太阳，心情郁闷还能大声呼喊，这样

的生活也算得上是人间神仙了。但是，在心理学家看来，宅的生活方式隐藏着一个严重的心理问题，那就是“主动自闭症”。

主动自闭症是成年人最常见的心理障碍之一，这跟当代社会的迅猛发展有着紧密的联系。

虽然年轻的宅一族在这种方式当中自得其乐，但这实际上是一种自我逃避，容易引发不愿意与人沟通、害怕和人交流、讨厌与人交谈、逃避社会、远离生活、精神压抑、对周围环境敏感等消极的心理症状。外表光鲜的宅一族常常忍受着难以名状的孤独寂寞，容易产生社交缺失、电脑自闭、丧失自我的负面效应。

人的世界是由外部环境和内心情感构成的，相对来说，内心的情感世界更能对生活造成影响，社会本身也是通过情感的纽带协调转动。如果一个人总是将自己封闭在一个狭窄的圈子内，对自己和社会都没有好处。

下面的方法或许会对宅一族有帮助。

1. 学会树立自我认同感

宅一族之所以会出现主动自闭，关键是没有确立自己的社会认同感。这个时候，宅一族需要家人、朋友的理解和支持，得到更多关注和肯定。心理学家指出，对于宅一族来说，鼓励其和好朋友交流、沟通，慢慢接触新环境，在与他人的交往中获得愉悦，会增加其与人交流的意愿和能力。

2. 不盲目跟风

宅一族多为80末到00后的年轻人，他们大都是独生子女，自信、有个性、崇尚新事物，模仿欲望也很强，他们把窝在家里的宅生活理解成一种时尚，纷纷跟风效仿。要想改变宅一族的观念，首先要认清网络本质，划清现实与虚拟的界限，持之有度。同时试着降低对自己的要求，学会容忍自己与别人的不完美，多参加户外运动和活动，培养各种兴趣爱好，增加自己在现实世界中与人交流的机会。

奔跑吧，脑洞——梦的解析

是梦境预言，还是记忆错乱呢

很多人偶尔都有这样一种感觉，即面对一件显然是第一次发生的事情，却觉得好像在以前的梦里出现过。

做梦是人的一种本能，是在人的睡眠中尤其是在快速眼动睡眠时期神经活动的结果。梦也是一种心理活动，是意识层面活动的结果。

梦境是在大脑皮层少数细胞活动的情况下发生的。如果少数细胞活动失去了觉醒状态时对整个大脑皮层的控制和调节，记忆中某些片段就会不受约束地“复活”，于是产生了千奇百怪的梦。如果这些在睡眠中处于兴奋状态的少数细胞是大脑皮层某些与语言或运动有关的神经细胞，就会出现日常所见的说梦话、梦游等现象。

从心理学角度来说，梦是睡眠期中，某一阶段的意识状态下所产生的一种自发性的心理活动。梦在一定程度上具有预示未来的作用，此外还有守护人的睡眠、调节人的心理、启迪灵感、促进发明创造、增强记忆等作用。

1988年8月28日，萨姆森在波士顿一家报社值班，当晚他做了一个梦，梦见爪哇岛附近的一个小岛火山爆发，当地居民被熔岩埋没，接着又发生了海啸，好几艘巨轮颠覆沉没。萨姆森醒来，回想刚才的梦境，觉得这是一个很有趣味的题材，便把梦中见到的一切写成了文章。

早上，他把稿子放办公桌上就回家休息了。不一会儿，主编来上班，一眼瞧见萨姆森办公桌上的稿子，误以为是昨夜发生的重大事件的新闻稿，便匆匆拿去发稿了，事后才知道，这篇稿子是萨姆森根据自己梦见的内容，写出的趣味读物。

但是，为时已晚，报纸已经发到市民手中了，社会上引起一场轩然大波。报社社长赶紧召集各部门负责人举行碰头会，磋商善后事宜，决定在报纸上就此事公开道歉。

恰在此时，消息传来，爪哇岛附近的小岛火山爆发，情形与萨姆森所梦见的完全相同。与此同时，位于爪哇岛和苏门答腊岛之间的克拉卡托岛的火山也爆发了。这一惨剧，使得长8公里、宽4公里、呈长方形的克拉卡托岛，丢失了2/3的面积。火山爆发引起的海啸，使163个村镇毁灭，死亡人数达到4万多。

这种尚未得到解释的熟悉感最初被称为记忆错觉，并成为心理学家和精神病学家热烈争论的一个话题。有一种理论认为，记忆错觉反映了某一片段记忆的影响，而这一片段记忆虽然因当前情境的作用而被激活，却不能加以外显。

假如我们在和某一同事的谈话过程中，突然觉得以前曾和某人谈过这一话题，但又想不起来那次谈话的情景，那么这很可能是谈话过程中的某一术语或观念，激活了我们对前一次谈话某些方面的内隐记忆。

所谓的内隐记忆是指人们受到某一过去经验的影响，但没有完全意识到是在进行回忆。内隐记忆在我们日常生活中的作用可能比我们任何人的想象都大得多。

研究者发现，人们有时候没有意识到自己某方面的记忆，却表现出了记忆效果。这不是大脑有意识参与的记忆，因而人们没有觉察到自己拥有这种记忆，也没有下意识地提取这种记忆，但它在特定任务的操作中表现出来，这就是内隐记忆。

人们之所以觉得眼前的场面曾在梦里出现过，就是内隐记忆在人的睡眠中发生了作用。当人在睡眠时大脑神经细胞广泛抑制，然而这个抑制过程有时完全，有时不完全。不完全过程中，大脑皮层的某些神经还处于兴奋状态，就会产生梦。

你做梦，其实是灵魂在旅行吗

梦是宇宙间的一大奥妙，它千奇百怪，包罗万象。梦又是人人都熟悉，人人都曾经历过的一种现象，然而许多人却对梦境的扑朔迷离、千变万化感到莫名其妙。现代心理学对人的千奇百怪的梦是如何解释的呢？

一提起梦，人们自然会联想到睡眠。要想阐释梦境的起因，也必须先从睡眠说起。我们知道，人人都需要睡眠，从某种意义上说，睡眠比吃饭更重要。生理实验证明，如果不让狗吃东西，它还能活一个月左右；如果不让它睡眠，则它最多只能活10～12天。

睡眠之所以重要，是因为睡眠是人体借以维持正常生命活动的自然休息。睡眠能使大脑皮层的细胞免于衰竭和破坏，使神经组织在觉醒时的消耗得到恢复。

提起睡眠，人们自然会想到梦，人在睡眠中常常会做梦。世界上没有不做梦的人，而且每个人做梦的时间还很长，成年人做梦的

时间要占整个睡眠时间的1/4，婴儿可达1/2。人在梦中会碰到许多奇怪的景象，因而使梦染上了十分神秘的色彩，不少的迷信、传说、神话就与梦有联系。有的人认为梦是“灵魂”的旅行，“灵魂”回来时若迷了路，人就会因此死去。

科学研究指出，人在睡眠时，大脑皮层产生一种弥漫性抑制，如果抑制扩散到大脑两半球皮层各个区域，人就处于熟睡状态；如果抑制不平衡，皮层上有些区点的神经细胞抑制不深或没有抑制而处于微弱的兴奋状态，这些兴奋点的奇妙组合，就会导致梦的产生。

一般正常的梦不仅不会影响人的睡眠，还能维持人的正常心理活动。如果剥夺个人的快速眼动睡眠，就是说每当出现快速眼动时就叫醒他的话，那就会出现睡眠不足和要求补偿的现象，甚至还会直接影响记忆。这一事实充分说明，快速眼动睡眠（亦即做梦）是人的生理及心理需要。有些人总以为做梦会影响大脑的休息，其实事实并非如此。

俗话说，日有所思，夜有所梦。白天反复思索的问题，夜里做梦时便很有可能梦到。另外，睡眠时机体受到的内外刺激也有可能成为致梦原因。如在冷屋里睡觉的人，偶然双脚外露，会梦见自己在刺骨的冰水中行走；空腹睡觉的人会梦见自己到处找东西吃；膀胱过满时会梦见自己到处找厕所；双手放在胸口时，会梦见打架时被别人压住身体不能动弹等。

有些梦看上去似乎有预言的含义，事实上，这些梦仍然是人脑对客观现实的反映，只不过这种反映是在睡眠中进行的而已。人的某些生理变化或心理变化，在人觉醒时，往往被其他强烈的刺激所掩盖，而在睡眠时，这些变化可能显现出来，构成人的梦境。

另外，对于某些外界信息，人在觉醒时可能不大在意，夜晚时，这些信息便很可能进入人的梦中。比如，白天看到几个行为不正常的人在自己家周围转悠，并未在意，夜晚做梦时便可能会梦见自家被盗。果不其然，过了几天自家便被洗劫一空。自然，这也不是什么预兆。只不过事情过后，人们记忆起致梦的原因，只记住了梦的内容，反而觉得梦成了预兆。

总之，人需要睡眠，也需要做梦，梦和睡眠对人都是必不可少的。

我做梦了？我没做梦？

梦对人们来说，总是奇妙而让人摸不着头脑的。有时早上醒来，你会伸个懒腰说："啊，昨晚又做梦了。"有时，你也会说："昨晚一个梦也没做。"如果做梦了，梦里的内容肯定是丰富多彩的。有时，梦中的情节会有个完整的结局，有时却会梦到莫名其妙、难以理解的形象或事情。有时，多年不见的朋友会突然出现在梦中。当我们醒来时，有些梦我们记得很清楚，甚至连细节都能回忆起来，而有的梦只剩下支离破碎的片段，甚至完全模糊不清。为什么会出现这种情况呢？

梦者觉得梦见许多事情，但却记得很少，这可能具有其他的意义。比如，梦境一整晚都存在，却只留下了一个短梦。无疑，时间越久，我们忘掉的梦内容也就越多，有时哪怕费尽心思也无法将它们拼凑起来。

精神分析学家弗洛伊德认为，人会把愿望埋藏在内心深处。处于清醒状态时，意识会抑制愿望。而当人入睡后，意识的控制就放松了，内心深处的愿望会影像化，于是便形成了梦，但这并不意味着完全失去控制。当梦中的内容过度刺激意识时，这些内容会被埋藏进内心深处，这就是我们醒来后回忆不起来的梦。实际上，我们每天都会做梦。说是没有做梦，其实是想不起来了。一个人平均每天要做4~5个梦，照这么计算每年大约要做1300个梦，而一辈子大约要做10万个梦。

一般情况下，人在睡眠中大脑的语言中枢和运动中枢处于抑制状态。如果在睡眠中脑皮质的语言中枢兴奋，就会在梦中出现各种无意识的动作。人的大脑好像一台十分精密的计算机，一瞬间可运算上千万次，这就是在较短时间里能做内容很长的梦的原因，正所谓“南柯一梦”。做梦的快波睡眠又称“有梦睡眠”，平均一次持续20分钟；不做梦的慢波睡眠，又叫“无梦睡眠”，大约持续90分钟。这两种睡眠状态在一夜之中交替出现5~6次，所以人最多只能做5~6次的梦，做梦总的时间不会超过2小时，而且每个梦不会持续很长时间。当人们醒来时，所能回忆起来的梦，只不过是最后一次“有梦睡眠”中的部分内容，一个很长的梦，实际上所花时间很短。科学家总的认为，梦的内容受个人动机、思维、记忆和性格的影响，它与人的性别、年龄、心理活动、工作和生活经历、身体状况及自然环境等因素有关。人在睡眠时，有两种状态交替出现，一种是脑和身体都休息的状态（即REM睡眠），另外一种是脑清醒但身体休息的状态（即NONE-REM睡眠）。人主要在脑清醒的睡眠状态下做梦（但最近的科学研究发现，在脑休息的状态下，人也会做梦）。人懂得趋利避害，那些对自己不好的事情，我们会主动忘记，这叫作自我保护。也就是说，从不做梦的人，也可以说他们天天都在做噩梦，只是醒来后都不记得罢了。

晚上睡觉时，如果做了梦，一般当时都觉察不到。只有到第二天早上醒来时，才会意识到。不过有时，我们在做梦时也能意识到自己是在做梦，这就叫作“清晰梦”。为什么会出现这种现象呢？科学家称，人在睡眠时，如果大脑中掌管语言和运动的部分处于半清醒的状态，就会做“清晰梦”。科学家还说，经常做“清晰梦”的人非常少。不过，如果普通人进行正确的训练，也能做“清晰梦”。

“清晰梦”有一个很厉害的地方，那就是人在梦中可以控制故事情节的发展，可以做自己喜欢做的事。在梦中可以满足现实中无法实现的愿望，解决我们欲求不满的问题。如果真是这样，我们可以通过做“清晰梦”将表层意识中一直惦记的愿望在梦中实现。有研究人员采访了很多做过“清晰梦”的人，他们都感觉在梦中实现愿望可以得到幸福感和满足感。

那么，该如何训练做“清晰梦”呢？首先，平时多给自己心理暗示，对自己说“做梦时，能意识到自己在做梦”；其次，像写日记一样，把梦的内容记下来。梦的神奇不是简单可以解释的，所以可以参考一些分析梦的书籍，来剖析一下自己的梦境，其中的乐趣也是无穷的。

做梦，你怕了吗

人类每天都要保证一定的睡眠，梦境可以改善睡眠和增进健康，但如果所做的梦正是导致失眠的原因呢？我们将如何对待？

噩梦通常发生在青春期前的儿童身上，当然，和梦游、夜间恐惧一样，少数成人也经常做一些充满苦恼的梦。这种梦时间长、情节复杂，越来越可怕，当事人被惊醒后，噩梦还历历在目。

长期的压力、创伤及一些常见的冥思会引发噩梦。不过，更多时候，噩梦是由内心深藏的情感重负造成的。从这个角度来看，我们可以把梦理解为潜意识发出的警示，要我们注意内在的自我。虽然噩梦通常无害，但它们如此吓人，足可以让当事人不敢入睡。梦是人在睡眠过程中产生的一种正常心理现象。一般情况下，人在睡眠时大脑神经细胞处于抑制状态，这个抑制过程有时比较完全，有时不够完全。如果没有完全处于抑制状态，大脑皮层还有少数区域的神经细胞处于兴奋，人就会出现梦境。由于少数细胞的活动失去了觉醒状态时对整个大脑皮层的控制和调节，记忆中某些片段不受约束地活跃起来，可能就表现出与正常心理活动不同的千奇百怪的梦。

要对抗噩梦里的恐惧，可以将梦展开。要达到这一点，噩梦必须是“清晰的”。上床睡觉之前，静静地坐下，告诉自己你将全神贯注于你的梦。做梦时，尽量研究梦境里的物体、行为和场景。噩梦开始后，正视你的恐惧，反思为什么恐惧会出现在你的梦里。

冥想可以缓解做噩梦带来的后遗症，古代冥思中最重要的一点就是幻想术。在这一过程中，我们看到的各种情景、物体、人或行为越是清晰，幻想术就越是有效。作为冥思的一种形式，幻想调节我们的呼吸，减慢心率，促进放松，将我们的思想集中在具体的事物上而不是对睡眠的焦虑上。

幻想在改善睡眠质量中最有效的功用是促进睡眠。如果我们在心眼中为自己创造了最佳的睡眠地点，当我们想入睡时，我们就会寻找这个地点。同样，当我们夜里醒来，再难入睡时，也可以使用这一方法。

成功的睡前幻想需要不断提高观察水平，比如吃饭时，应多加注意盘中食物的颜色，细细体味各种滋味；外出遇到有趣的标志物也应注意观察它的特点，如一个古香古色的邮箱、一个报刊亭、一个花坛……

与冥想有相同作用的催眠术是将病人置于一种深度放松状态下，各主要器官功能暂时关闭。催眠师将积极的暗示信息输入病人的潜意识中，这些暗示在病人昏睡中和清醒后都对他们的感知和行为有一定影响。

已有研究证明，催眠可以成功地治疗某些常见原因的失眠。虽然催眠能否直接促进睡眠尚无明确依据，但不妨试试直接催眠法，催眠师可能给你某些暗示：睡前一杯热牛奶确实对睡眠有效，它能使你头一沾枕头就呼呼大睡，并能保证你养精蓄锐，享受高质量的睡眠。

夜晚睡眠阶段出现全身肌肉麻痹现象，在麻痹现象未消退之前就会醒过来。这种毛骨悚然的经历会让我们醒来一两分钟内发现自己一点儿也动弹不了。尽管这种经历很吓人，其实睡眠麻痹一点儿危险也没有。不过，这种情况会吓得人不敢入睡。这种体验具有遗传性，尚无有效办法治疗，但还有些人患有一种称作嗜眠发作的综合征。这种人不是不能入睡，恰恰相反，他们突然不可控制地入睡——入睡前常常肌肉完全无力，出现幻觉，这种现象能极大地削弱人的能力。

我们已经知道睡眠的诸多作用，其中一条是使身体得到修复并恢复活力。然而，现代生活打乱了睡眠的自然规律，人们不再是日出而作日落而息，而是使用人工照明将人类活动延长到深夜。工作场所通常压力很大，许多人没有时间放松，等到上床睡觉时已是筋疲力尽。其他对健康不利的因素，如粗劣的饮食、吸烟、消费大量的咖啡因和酒精，也会导致失眠，进而引发恐慌。

梦说：我也有小情绪了

情绪是情感的一种最基本的表达方式。透过梦境的情绪氛围，就可以看到做梦者内在的真实情感。

梦因为象征表达，寓意不是一下子就能读懂的，但通常能将梦中的情绪真实地传递给解梦者，这就给解梦者提供了一个大致的解读方向。所以，梦境中的情绪体验是解梦的关键。

“我很久没有做梦了，这个星期以来我和老公一直因为要不要小孩子的问题生气，昨天把问题谈开达成了一致，决定生个小孩。可就在昨天晚上我竟然又做梦了，梦到我和某个人一起去旅行或是参加班集体活动，活动结束时，准备拿到礼物就各自回家，在一个房子里各人打开背包就能看到已经放在我们背包里的礼物了，我从背包的侧面小口袋里拿出一个玉佩，看见只有右边一半，左边没有，我就让发礼物的人给我换，他在旁边装礼物的包里找了一会儿，拿出一个玉白色的观音玉佩给我，可我一看左下角也缺少了一块，虽然缺口不大但是看着就明显，像是不小心撞掉了一块，我要求再更换，那人说没有了，如果真要换的话就下次找厂家拿个好的再给我，后续的情节就很模糊了。”

做梦者与老公在要不要孩子的问题上有争论，现在终于达成了共识，但她的梦境反映出她对这个决定还是不安。

人的基本情绪有五种：悲伤、愤怒、忧愁、恐惧、喜悦。梦境中的情绪和色彩如果给人强烈印象，还可能意味着梦者可能有脏腑方面的疾病。相反，在日常生活中人们常常控制自己的真实情绪，这才是违背人性的。梦境给了习惯于控制自己情绪的人们一个机会，使情绪得到适度的宣泄，有利于身心健康。

在白天，我们的左脑掌管理性，右脑则善于想象和富有创造性。在睡觉的时候，尤其是浅睡眠时，右脑依旧会工作，只是这时右脑没有了左脑理性的控制，便会诞生许多稀奇古怪的想法，不再符合正常的逻辑。很多时候，我们体验到的情绪不是单一的，而是复杂的。梦中的旅行象征着人生之旅，集体活动结伴，表明是从众行为。

早年的经验经常会影响甚至左右人们成年后的生活。上述案例中的梦者谈到为生孩子的事情跟丈夫产生摩擦，梦境显示出不安和担心。梦境并不仅仅是释放焦虑，还有更深的指向，就是梦者自身的早年创伤问题。梦也提示，需要“到厂里换”，象征进入无意识治疗。

如果梦表明梦者陷入人际关系困扰和内心冲突的交织中，而醒来以后，忧愁和担心又没有解除，梦者就会怀疑梦确实在暗示疾病。可见梦者既相信又不信任梦所代表的内在真实与内在的自我相脱离。梦者越不接触内在真实，就越容易屈服于自我暗示。当这种脱离表现在实际生活中时，便是梦者在用忧愁情绪来转移、表达工作压力和人际关系带来的愤怒，压抑和回避第一情绪反应。忧愁加上自我暗示，造就了情绪的躯体化症状。这样一来，因工作压力大而逃避面对就被隐藏了起来。究其根源，在于早年依恋关系不稳定带来的恐惧和造就的懦弱。这也是人际关系饱受困扰的根源，是理性思维与内在真实脱离的起点。

我们应直面人生问题，正确合理地表达和对待自己的情绪，让自己曾经被抑制的生命潜能重新流动起来。

性梦不是只有性那么简单

梦的功能是保护睡眠，当人们睡着时，自我警惕放松了，被压抑的愿望冲进意识，被允许以梦这样的伪装形式得到部分表达，这

种将无意识的愿望转变成梦的想象过程被称为梦的工作。

“我梦到我到了一片日本水域，是田间的那种，水上长了很多绿油油的水草。我不会游泳，开始还有点儿怕，但我就坐了个类似水上滑板的东西，一直在水上漂行，速度很快，感觉很爽。然后有3个日本小孩跟着我一起漂，终于上岸了，他们也跟着我上岸。我们到了一个高处，突然下面就涨水了，很大的洪水，不停地涨，我感到很害怕，心想，还好我滑上岸了，不然涨水了我肯定会被淹死。结果，跟我一起上岸的3个小孩当中有两个被水冲走了。我去救，好不容易抓住一个孩子的手，把他拉上来，另外一个就被水冲走了，人都冲烂了。”

梦中的水域象征了梦者现实中面临的情感。梦者对这份情感不太想投入，也存在一些担心，但又不想拒绝，所以选择在水面上漂行，感觉很愉快。3个小孩代表梦者的心态是游戏性和孩子气的。上岸象征着想结束关系。高处意味着一种优势感，想望得更远，有更好的选择。但这时涨水了，洪水是一种失控的情感，可能是来自对方，你的匆忙上岸让对方无法接受，而对方的失控也让你感到害怕，孩子落水死亡象征你的损失。

由于人们从生活中学来的种种自我控制和自我禁忌，在睡梦中都较少发挥作用，因此性梦的内容十分广泛和直露。

与性有关的梦可以分为阴阳两类。阴性的梦表达涉及性问题的创伤、乱伦恐惧、性的不洁感、无能感和罪恶感、性失落带来的惆怅，过度压抑带来的煎熬，以及纵欲导致的疾病，等等；阳性的梦表达性压抑激起的饥渴亢奋、性魅力带来的向往憧憬、性接触带来的刺激快感、性释放带来的兴奋愉快、性征服带来的强盛自信等。

阴性梦指出了不利于生命潜能舒展、不利于心理健康的问题，性认识方面的偏颇和性感受方面的病态；阳性梦则可以释放被压抑的性能量，释放焦虑，而且梦者在梦中可以体验到性的快感与满足，是帮助生命潜能舒展，有益于身心健康的。因此，常做阴性梦的人，人生必有可忧之处。

性梦在所有梦境中占有的比例很高，不仅因为性是人性的基本要素，还因为梦象的多重性。任何事物都可以归类于阴阳，自身也拥有阴阳两面，阳性是主动的、积极的、刚劲有力的、攻击进取的；阴性是被动的、安静的、潜藏的、柔和包容的、稳定保守的，代表延续。阴阳的互动情状与男女的交媾之间存在同构对应。因此，许多梦例可以作为性梦来解，但实际上包含着甚至主要是超越性梦的其他象征含义。

性梦的发生与睡眠的姿势以及膀胱中积尿的数量没有显著的关系，而与睡前身体上的刺激、心理上的兴奋和情绪上的激发有关，男性主要和精囊中精液的充积量有关。女性的性梦与男性相比有较大的差异。女性在醒后能够回忆起梦境的内容。但未婚女性的性梦往往错落零乱，变化无常，很难有清晰的性梦；即使已婚的女性，能做真正的、清晰的性梦，并伴有阴道黏液的分泌，也不能起到泄欲的作用。

梦境最基本的象征是一次性交的历程，梦境可以引申为梦者对现实中两性情感交往的心理过程，梦者可以通过对这两个层面的比较，对自己在两性关系中的处境有所反思，让自己的心灵和身体更加协调，欲望和情感更加统一，从而避免一些不必要的烦恼纠葛。强烈的情绪体验可能意味着压抑颇深的躯体记忆被唤醒了。

超能心战队——超现实的世界

有时，“前世”是心理学的事不是算命的事

世界上会发生许多匪夷所思的事情。不知道大家有没有遇到过这样的情况：我们来到一处完全陌生的场所或者做出某些动作时，会有一种似曾相识的感觉。

列夫·托尔斯泰有一次去打猎，在追赶一只兔子时，马蹄不慎陷入了一个坑里，他也从马背上摔了下来。这个时候，他眼前似乎出现了一幅十分熟悉的场景：自己的前世也是这样从马背上摔了下来，甚至连时间他都记得很清楚，他肯定那是200年前的事情。

在今天这个对奇异现象倍感兴趣的时代，我们常说的前世今生，往往被小说、影视作品渲染得神乎其神，如忽然对某场地、某人、某物似曾相识，似乎能准确地描述对方的每一个细节，甚至好像能预测接下来事态的发展。

根据调查，有2/3的成年人至少经历过一次这样似曾相识的感觉，而常年在外经历丰富的人比宅在家里的人更有可能遇到这种情况。同时，想象力丰富的人、受过高等教育的人也比普通人更容易产生这种感觉。但是，这样的现象会随着年龄的增长而逐渐减少。

那么，我们真的有前世吗？如果没有，那些神奇的“记忆”又是怎么回事呢？

心理学研究表明，这种似曾相识的感觉是一个叫作海马回的区域导致的。海马回是位于脑颞叶的一个部位，它的名字来源于这个部位的弯曲形状类似海马。人有两个海马回，分别位于左右脑半球。海马回是组成大脑边缘系统的一部分，担当着关于记忆以及空间定位的重任。

海马回主要控制记忆活动的区域，负责形成和储备长期记忆。而记忆则是被强大的化学作用联系在一起的脑细胞群，当我们要从脑中“抽出”某个记忆时，实际上就是在寻找特定的脑细胞并将其激活。而海马回可以帮助我们在脑中已经存在的记忆进行“索引”，并寻找出其他相类似的情况。所以，我们在生活中如果做过类似的事情或者说过类似的话，就会恍然大悟般感慨：“哦！这件事（这些话）我以前好像做（说）过！”

但是，有的时候，这样的记忆“索引”也会出现差错。海马回有时会将此时此刻的所知所感与某种未曾发生的“记忆”搭配在一起。比较典型的情况是，我们看到电影或者小说里面的某些情节，随着时间的推移会有所遗忘。这种遗忘并不是真的忘记了，记忆还是储存在大脑里的。然后忽然有一天，当我们处于类似的场景中时，就可能会误以为那是自己亲身经历过的事情，从而产生对前世的猜测。

对于前世，如果只是将其作为一种娱乐，是无可厚非的。但是，如果痴迷于这种说法，就会受到不必要的消极影响。社会上很多“江湖人士”“算命大师”就是利用这样的说法对人们进行欺诈，而且许多人似乎也对此乐此不疲，最终付出了惨痛代价。所以，很多时候，前世今生是心理学家的事儿，和算命师无关。

与其执着于那看不见摸不着的前世，不如好好地把握当下，活在今天。只要保持认真活在当下的心态，就能在为人处世时保持自制、理性却又不失活泼的生活态度，拥有更好的明天。

夭寿啦，被“鬼压床”啦

生活中，“鬼压床”这种既恐怖又不明所以的现象，总是让人们好奇又畏惧。那么，“鬼压床”到底是怎么回事呢？是真的灵异现象还是心理原因？它的真面目究竟是什么呢？

一大清早，小风就在办公室里开始咋呼：“夭寿啦，夭寿啦，我昨天晚上……我昨晚上……鬼压床了。”她边说边抚胸口，一脸的恐惧，看见大家都饶有兴致地倾听，便做出一副心有余悸的样子来，说道：“我半夜迷迷糊糊醒来，觉着周围可静了。突然我好像看见一团白色人影朝我扑来，我吓了一大跳，就想叫我老公起来看看，哪里知道，我怎样喊都喊不出声音，而且身体怎么都动不了。觉得自己好像醒了，又好像没有醒。我当时怕得要死，心想这可坏了，急得不得了，但是到最后又好像没了知觉。直到天大亮，我老公叫我起床才摇醒了我，而我的手脚也能活动了。”这时，一旁的秦姐说：“这叫‘鬼压床’，我听老人家说过的，你还是去庙里烧香求个平安符吧。”

很多人由于对“鬼压床”现象不理解而走入了迷信的误区，其实“鬼压床”是一种睡眠障碍。在医学上，“鬼压床”称为梦魇或睡眠瘫痪症，它的主要表现是：人在睡眠状态中，感到身体不能动弹，且无法言语，伴有一些怪异的幻觉出现，同时，还会有胸闷、惊恐、心跳加快、不能呼吸和濒死的感觉，特别是胸口的重压感可能导致人们呼吸困难。而且，人们总能感觉自己似醒非醒、似睡非睡，感到非常恐惧。其实，梦魇与做梦、惊梦等一样，属于一种正常的生理现象，和鬼怪无关，对身体健康也不会有什么不良影响。

所谓的“鬼压床”，其实是大脑系统休息不足导致的症状，往往是兴奋过度或精神过分紧张引起的。如果我们在日间出现精神过度紧张、压力比较大、过度疲累、作息不正常、失眠、焦虑、晚饭过饱或者睡觉时睡眠姿势不良、盖的被子太厚或手放在胸口上等情形，就有可能导致夜晚睡眠时产生眩晕、心悸、胸部压迫感、眼发黑、耳鸣和各种神经功能障碍的症状。同时，身体虚弱、过度恐惧、服用会引起低血压的奎尼丁，以及睡眠时枕头过高或睡姿不正导致颈部受压而血流不畅的人，夜里睡眠深时就会做胸部被“恶魔”压住或者被“鬼怪”追捕的梦。

由此可知，“鬼压床”是我们的心理和生理共同作用的结果，与鬼神无关，因而不必感到恐惧。

同时，为了预防“鬼压床”，我们也要注意日常睡眠和饮食，尤其要养成良好的睡眠习惯，注意调节好心态，避免紧张或焦虑。最关键的是要保证睡眠时间，该休息时充分休息，不要熬夜，但也不能贪睡。

而如果已经出现这种情况，就要及时调整好心态，有意识地提醒自己，这并不可怕。然后要尝试摆脱恐惧，调整呼吸，放松心理。这样，我们就能把“压床”的“鬼”给赶跑！

UFO：来自神秘宇宙还是神秘人心

深山中的大脚印从何而来？尼斯湖水怪到底是真实的还是人为

虚构的……世界上有许多解不开的谜。而这万千谜题中，有一个话题特别受到关注——UFO。

1947年，美国爱达荷州商人肯尼思·阿诺德驾驶私人飞机穿越华盛顿州某山脉时，看见9个不明飞行物，并称其像从水面飞过的盘子，飞碟由此得名。几天之后的7月4日，美国新墨西哥州的罗斯威尔发现坠毁的外星飞船，当事者发现了神秘的金属残片。

这是进入工业革命后第一次全面的UFO报告。UFO（unidentified flying object，简称UFO）全称为不明飞行物，也称飞碟，是指不明来历、不明空间、不明结构、不明性质，但又漂浮、飞行在空中的物体。人们看到的所谓UFO真的存在吗？他们到底是刻意骗人还是身不由己？

北京时间2010年12月16日消息，据《马刺国度》消息，12月2日，马刺客场与快船的比赛之前，马努·吉诺比利在球队下榻的桑塔·莫妮卡酒店外边目睹天空中有个奇怪的物体飞过，后来他在微博上提及此事，引起了众人的关注。但是，就在其微博发表后，某跳伞队的负责人对外澄清了这件事，他表示，那个奇怪的物体只不过是他们进行跳伞训练时的信号灯罢了。

自20世纪40年代末起，UFO就引起了科学界争论。因为它的怪异性和不可确定性，如今仍然存在着许多争议，天文学、气象学、生物学、物理学和其他科学相继对其提出了自己的解释。那么，从心理学来看，为什么有人会认为自己看到了UFO呢？

有人认为UFO产生于个人或一群人的大脑中，常常同人们的经历交错在一起。就好像有人声称自己曾经被外星人“诱拐”，还进行了手术改造，这可能是他在潜意识里隐藏了自己童年时代被虐待的事实。

还有一些天文现象或者物理现象等也容易被误以为是UFO，比如，球状闪电、极光、幻日、幻月、海市蜃楼、流云、飞鸟蝴蝶群或者有一些根本就是人们眼中的残留影像或对海洋湖泊中飞机倒影的错觉等。

但为什么还是有很多人坚信自己所见的就是UFO呢？为什么对于UFO的猜想长盛不衰？原因有四点。

（1）这种现象或许是一种从众心理。当一个人声称自己看见的某种不明物体就是UFO的时候，其身边的人或许也会受其引导而确信看见的就是UFO。

（2）人类的另一种天性——我们宁愿相信一个无法确定的视觉现象一定有可以确定的理论解释。而当我们实在无能为力时，与其坦然承认自己的无知，不如把它认为是UFO。

（3）人们对于未知事物总是充满好奇心，当这种好奇心发生质变时，就很可能成为盲信和神秘主义的温床。

（4）某些人坚信地外文明的存在，从而产生幻觉或错觉——有这种思维倾向的人会把某些诡异现象联想为UFO。

对于我们来说，这个世界有可知的一面，也有不可知的一面，因此，不是每种现象都有一个可以完全肯定的答案和解释。社会发展需要我们的好奇心，因为正是对于世界的好奇，我们才能不断地探索、发明、进步、成长。也正是因为如此，世界才有了从远古走向现代的动力。我们不要把世界分得非黑即白，我们每前进一步，世界也会朝前一步，探索是永无止境的，人类文明的方向永远是向前的。

灵魂出窍：我是谁，我在哪儿

出体现象，也就是人们所说的“灵魂出窍”，一直以来都是准心理学上最怪异的现象之一。为了研究这种现象，首先我们来做一个简单的小实验：请集中注意力，盯着一张全白纸张上的黑点看一小会儿。只要你保持眼睛和头部相对静止，大约30秒钟之后，图像中围绕着黑点的灰色区域就会逐渐淡去。如果移动一下头或者眼睛，灰色又会回来。这是怎么回事呢？

这一现象被称作感官习惯。如果你给某个人持续施以某种声音、图像，或者气味的感官刺激，对方就会慢慢地适应这些刺激，最终在感知上完全忽视它们。例如，当你走进一个充满现磨咖啡味道的房间后，很快就会感受到那股芬芳的气息，可是当你在房间里待上几分钟之后，现磨咖啡的香味似乎就变淡消失了。若想重新唤醒自己对咖啡香味的感知，很简单，那就走出房间，过一会儿再进来。

在前面的实验中，如果眼睛盯着黑点静止不动，那么周围的灰色区域很快就会变成盲区。同样，当人们买了新房或者新车，兴奋一阵后，也会迅速习惯，不久就会忽视其存在，然后感觉自己需要买更大的房子或者更好的汽车。

心理学家认为，感官习惯是出体现象的核心因素之一。人们发生出体现象的情形往往和大脑持续接收一些少量不变的信息有关，比如，闭着眼睛或在黑暗的屋子中，视觉信息缺失。发生出体现象时通常没有任何触觉信息，因为大都躺在床上、浴缸里，身体非常放松。

在这些情形下，大脑很快对少量持续不变的信息变得“盲目”，于是会与渐渐消失的自我意识抗争，从而形成身处异地的连续画面。

大脑一刻都不愿闲着，它会制造出“在哪里”“在做什么”的幻象。这就可以解释，为什么当人们闭上眼睛待在黑暗的屋子里，躺在床上，抑或是泡个舒服的澡，脑海中就会浮想联翩。

心理学家还推测说，正是因为有些人会很自然地想象自己飘出体外，并幻想世界的模样，然后沉浸其中，所以才会把幻象和真实的世界混淆起来，因此在他们身上，也极容易发生出体现象。

数十年来，有几个具有奉献精神的科学家不断尝试，试图证明灵魂可以离开肉体。他们给刚刚去世的亲人拍照，给垂死的人称重，让那些有过出体体验的人来做远距离感知图片的实验。遗憾的是，这些实验都失败了，因为人的感知是大脑的产物，不可能脱离大脑存在。其后的研究转向试图用心理学来解释这些奇怪的感知现象。

这些研究工作表明，大脑需要不断地依靠外来感官信息来构建“你的灵魂存在于你的身体之中”这样一个感知。利用虚拟现实系统，可以在瞬间让你感觉自己是桌子的一部分，或者让你站在自己的面前。

如果阻截了本应传递给大脑的感官信息，大脑就会感到迷茫，疑惑自己“究竟在哪儿”。当用想象中的飞行来填补这些空白时，你的大脑就会说服它自己，“你已经脱离了身体，处于飞行当中”。大脑还会自觉地帮你执行寻找“我在哪里”的任务。没有大脑的这种自发自觉性，你会感觉自己一会儿在地板上，一会儿又在椅子里；有了它，你就会拥有一个持续稳定的感觉，感到自己始终存在于自己的身体里。

因此，我们可以说，出体体验并不是超自然的经历，也不能证明灵魂的存在。实际上，出体体验只是揭示了大脑和身体日常运作背后的奇妙玄机。

波利菲尔大桥自杀潮

波利菲尔大桥是伦敦泰晤士河上的一处著名建筑，它的闻名不是因为它的造型多么优美，历史多么悠久，而是因为关于它的离奇传说——忧郁的人大都会选择在这里自杀。

由于自杀行为屡屡发生，波利菲尔大桥引起了英国议会的注意。议会请皇家医学院的研究人员帮忙解决问题。皇家医学院给出的解决方案让所有人意外：把桥身漆成绿色。

这个方法看起来如此不靠谱，但又确实收到了比较好的效果。桥身漆成绿色的那一年，在波利菲尔大桥自杀的人数比往年减少了一半。这是为什么呢？

原因与大桥的颜色有关。一般来说，人们看到红色会想到火焰与血液，看到蓝色会想到天空和海洋，看到绿色会想到原野与田园……人们可以通过不同色彩产生关于听觉、触觉、味觉等方面的联想，进而影响人的情绪。波利菲尔大桥原本是黑色的，在波涛滚滚的泰晤士河上，这座黑色的大桥让人感到压抑、严肃。来到这座大桥上，原本情绪不错的人都会觉得压抑，那些本来就悲伤、抑郁的人接收到的负面心理暗示就更为强烈，往往会产生结束生命的念头。重新漆过的波利菲尔大桥是绿色的，绿色让人感觉轻松、自然，感受到勃勃生机，散发出生命的活力，悲伤、犹豫、烦闷等情绪会被绿色一扫而空，想自杀的人自然就少了。

类似的事件，在日本东京的地铁站也发生过。

日本的新干线举世闻名，仅仅“山手线”每天就有约800万的客流量，但新干线的跳轨自杀事件也接连发生。

东京新干线一直采用不同方式试图阻止人们的自杀行为，其中之一就是在地铁站台尾部安装蓝色的灯。蓝色能放松人的神经，调节人的情绪，日本颜色心理学协会的专家高桥水树说：“蓝色可以让人联想到天空和海洋的颜色，让激动不安或者执迷不悟的人逐渐冷静下来。”新干线管理部门希望蓝色灯光能使想自杀的人打消结束生命的念头，产生生的渴望。

自杀者一般会选择在地铁站尾部跳下，所以蓝色灯大都安装在这个位置。安装的灯与普通的灯不同，是蓝色LED灯，比普通的灯光更亮更强，更能引起自杀者的注意。

色彩对心理的影响，不仅可以应用在这种非常事件中，也能在日常生活中广泛使用。譬如，脾气暴躁的人可以把房间漆成蓝色或者绿色，舒缓紧张的情绪；郁郁寡欢、闷闷不乐的人住在橙色、红色的房间中，心情会愉悦很多。用色彩来调节情绪，愉悦心情，方法简单，效果却很不错，值得大家尝试。

伪心理学——心理呓语的迷思

赔钱的金融占星师

如何检测占星术是否真的灵验?

在美国，每天大约有1亿人在看自己的星座运程，大约有600万人会付钱请专业的占星师为自己做性格分析。能够预测未来的占星师具有某种非凡的魅力，就连某些政客对这种魅力也难以抵挡，甚至他们政治生活的许多方面都受到了占星学的影响，其中包括举办国际高峰会议的时间、总统发表宣言的时间、出访专机的飞行时刻表。

英国科学促进会每年都会举办为期一周的科学庆典，2001年的庆典中举办了一场实验，需要3名参与者：一名金融占星师、一名资深的分析师，以及一个年龄尚小的孩子蒂娅。在实验开始的时候，促进会为每名参与者提供价值5000英镑的虚拟货币，然后让他们用这些钱去购买自己最为看好的公司股票。在接下来的一周时间里，促进会就他们如何选择股票进行追踪。那么，到底谁的投资是最明智的呢?

促进会选定了英国最大的100家公司，而3名参与者可以购买任意一家或几家公司的股票。

为了力求公平，促进会允许参与者在实验开始几天后改变自己的投资计划。金融占星师重新观测了天象，随后更换了3只股票，最终的投资组合是工业气体公司BOC、军品公司BAE系统、日用品公司联合利华和培生教育集团。在接受记者采访时，他表示自己之所以选择这些公司，是因为它们的背后都有非常不错的行星风呈现。而资深分析师坚持不改变自己最初的选择。而经过第二次天女散花般的随机撒纸后，小蒂娅的投资组合变成了景顺集团、巴斯公司、苏格兰银行和哈利法克斯公司。

在一周的期限到来时，众人再次相聚巴克莱股票经纪公司，开始评估3位参与者的投资成果。奇怪的是，无论是金融占星师还是资深分析师都没有预见到当周发生的金融风暴。全球股市骤然暴跌的结果就是3位参与者都出现了不同程度的亏损。损失最大的是金融占星师，观测天象的结果是他的投资赔了；紧随其后的是资深分析师，亏损；相对而言表现最好的竟然是小蒂娅。

汉斯·艾森克教授可能是20世纪最具影响力的思想家之一，在1997年去世之前，也是科学期刊和杂志最常提及的心理学家。他最喜欢的一句话就是“无法衡量，即不存在”。艾森克将毕生的大部分精力用于研究如何量化人性中的某些特质，这些特质通常被认为是无法借助科学的方法加以衡量的，比如性行为、幽默和天赋等。艾森克定义的第一个纬度是“外向”，也就是人们在生活中所呈现出来的活力多少。得分较高者被称为“外向型的人”，这种人容易冲动、乐观、开朗、喜欢与人相处、追求即时享受、拥有较多的朋友和广泛的人脉，但同时也更有可能欺骗自己的伙伴。得分较低者则被称为“内向型的人”，这种人显得更为小心谨慎、善于约束自己，相对也更保守一些，社交圈往往仅限于几个非常亲近的朋友，对五彩斑斓的夜生活没有什么兴趣，宁愿待在家里读一本好书。通常来说，大部分人的性格介于“外向”和“内向”之间。

艾森克定义的第二个纬度是“神经质”。这个纬度衡量的是一个人的情绪稳定程度。得分较高者更容易产生焦虑情绪，比较没有自信，常常为自己设立不切实际的短期目标或长期目标，而且会更经常地出现怨恨和嫉妒心理。相反，得分较低者更容易保持心态稳定，更容易放松自己，在遭遇失败的打击后情绪也更容易恢复，这种人善于用幽默来化解焦虑，有时候甚至会因为面临压力而更感觉斗志昂扬。艾森克人格调查表在衡量这个纬度时常使用这样的描述：我总是因某些事情感到忧心忡忡，我能够轻易摆脱压力的困扰，等等。

根据古老的占星学传说，十二星座中有6个星座和外向有关（白羊座、双子座、狮子座、天秤座、射手座、水瓶座），另外6个星座则和内向有关（金牛座、巨蟹座、处女座、天蝎座、摩羯座、双鱼座）。另外，3种土象星座的人（金牛座、处女座、摩羯座）看起来更能保持情绪的稳定和心态的平和，而3种水象星座的人（巨蟹座、天蝎座、双鱼座）则更神经质一些，情绪和心态也更容易出现波动。

让怀疑论者大吃一惊的是，艾森克人格调查的结果竟然与古老的占星学传说完全吻合。星座与外向有关的人在外向特质上的得分的确比其他人高一些；与土象星座的人相比，3个水象星座的人在神经质特质上的得分也明显要高出一截。

星象只会对人的个性特质产生大概的指导作用，要想了解更为精确的信息，还必须仔细研究一个人降临到这个世界上的精确时间。

“时间双胞胎”和“死囚占星术”

英国研究人员杰弗瑞·迪恩是一个轻声细语、性格温和的人，他毕生都致力于收集和比较有助于评估星象对人类行为潜在影响的各类资讯。他曾从事一项研究，并称之为占星术的“决定性试验”。

占星师们宣称，依据出生时的星象位置可以预测一个人的个性，并会对他们生命历程中的重大事件产生一定的影响。如果真的是这样，在同一时刻、同一地点出生的人在性格和命运上应该非常相似。事实上，杰弗瑞指出，他们应该是“时间双胞胎”。

法国的自行车冠军车手保罗·恰克和里昂·列弗就是一对鲜明的例子。他们分别出生于1910年7月14日和7月12日。1936年，他们都在自己的职业生涯中取得了辉煌的成绩，恰克夺得了环法自行车大赛波尔多—巴黎赛段的冠军，而列弗赢得了同一场比赛两个山区赛段的第一名。1949年3月，列弗在王子公园体育场的赛道上意外受伤造成头颅破裂，并当场死亡。同年9月，恰克也因类似的意外事故在同一条赛道上撒手人寰。

这种案例看起来多少有些诡异，但很可能只是巧合罢了。因此，杰弗瑞决定对这种现象进行更为系统的研究。他设法找到在1958年3月3日到9日之间在伦敦出生的人。这个数据库是一群研究人员为研究这些人的成长经历而建立的，里面有他们在11岁、16岁和23岁时做的智力测试和个性调查表的结果。这些人的精确出生时间都有详细的记录，其中超过70%的人出生时间前后相差不超过5分

钟。杰弗瑞把这些人按照出生时间进行了排序，并从上往下分别计算两两一对的相似度。怀疑和支持占星学的人再次对调查结果做出了截然不同的预测。怀疑论者认为名单上每一组调查对象的调查结果之间必定毫无关系，占星师们则预测时间双胞胎和同卵双胞胎一样，两个人的个性会存在令人惊讶的相似之处。

杰弗瑞做了很多类似的测试，所有的测试结果都有一个共同点，那就是没有任何一次的测试结果能够为占星师的说法提供支持。现代的占星师也把他视为占星界的叛徒，因为他改变了自己的信仰，竟然公开宣称自己怀疑星象能够影响人的一生这一“真理”。

20世纪80年代晚期，一群美国研究人员采用个案研究的方法发表了一篇文章，文章的题目很是耸人听闻——《死因占星术》。

研究人员找出了臭名昭著的连环杀手约翰·盖西的出生时间和出生地点。盖西因凌辱和杀害33名男子和少年而被判处12个死刑和21个无期徒刑，这是一个彻头彻尾的冷血杀人魔。在闲暇的时候，他会把自己打扮成波哥小丑的样子，然后去孩子们的生日聚会上表演。

一位研究人员拜访了5名专业的占星师，把盖西的资料偷偷地转移到了自己身上。研究人员告诉占星师自己很喜欢跟年轻人一起共事，希望占星师能够帮自己做一个性格分析，并为自己未来的职业发展道路指点迷津。结果所有的占星师都犯了非常严重的错误。其中一位占星师鼓励他去跟年轻人一起共事，因为他可以“激励年轻人表现出最好的特质”。另一位占星师分析了研究人员提供的信息，然后信誓旦旦地预测，他的一生将会“非常非常光明”。还有一位占星师说他“善良、温和、能够体谅他人的需求”。

汉斯·艾森克、杰弗瑞·迪恩以及其他人的研究成果显示，占星预言通常来说根本不准。这就让我们不得不在脑海里画一个大大的问号了：既然不准，还该不该如此痴迷呢？

忽悠，你接着忽悠

过去，在一些小城镇，算命先生随处可见，公园门口、人行道边，经常可以遇到他们，而且为他们捧场的人也不在少数。虽然人们明知其是迷信，有“蒙人”的嫌疑，但还是乐意通过这种方式来预测自己的运程。而且很多受过算命先生“指点”的人，都会被他们“未卜先知”的能力征服，觉得他们说得非常准。

这是为什么呢？难道算命先生真的能够洞察过去，预知未来？

心理学家对算命的现象进行研究发现，算命先生之所以能够说得如此之准，其实只是利用人们的“自我求证”心理，把人们引入自己的陷阱之中而已。可以说，几乎所有的算命先生都了解人的心理，他们最惯用的招数就是“人们在听到对方语意不明确的几句话时，往往向自己理解的方向去推敲，从而产生‘对方深知我’的错觉”。

例如，有时算命先生会问：“你家门口是否有棵大树？”如果有，你就会认为他果然能掐会算；如果没有，他会一本正经地说“没有最好”，好像他原本便希望没有这棵树似的。有时算命先生会说：“你这个人和水是比较有缘的。”这样的话往往会引起人们的很多联想。如果你的名字中有个“水”字或者带有三点水的偏旁，你便会想：他怎么知道我的名字和水有联系呢？如果你是在水利部门工作，你也会很奇怪：他怎么知道我的工作和水有关呢？如果你家附近有条河流或池塘，你同样会吃惊：他怎么知道我的住处旁边有水啊？总之，不用算命先生说出些什么，你自己已经联想了很多。

人们都有一种自我求证心理，当受到某种暗示后，大脑中会立刻浮现出一系列与此暗示有关的内容。因此，当听到算命先生说你“与水有缘”时，你就会不由自主地把自己一切与水有关的经历或事物都找出来，来证明自己确实与水有关，甚至会把自己某一次游泳时发生脚抽筋的事都联系起来。

算命先生向人们提供一些模糊信息，让人们自己去求证，以使信息的模糊性具体化，让被算命的人觉得他们真是神机妙算，可以洞察天机。而事实上这一切都是被算命的人自己“算”出来的。算命师在使用模糊言语的时候，还有一个相当高明的技巧，可以把没说中的变成说中的，那就是扩大或者缩小范围的方法。

“算”术高超的算命先生往往善于设置“心理陷阱”，能够从很多细节中发现和总结有效的信息，抓住被算命人的心理，在询问以及对话中对被算命人进行不动声色的暗示，使其主动钻进自己设计好的“陷阱”之中。例如，算命先生总会告诉被算命人“心诚则灵”，这其实就是一种肯定性暗示，让被算命人对算命先生持赞同的态度。在此前提下，被算命人的思路就容易顺着算命先生的某种提示越走越远。并在算命先生提出的一些模糊性问题下，努力进行回忆与联想，主动证明这些话的准确性。

自我求证心理是每个人都有的一种心理，算命先生恰恰是巧妙地利用这一点，达到了自己骗财的目的。了解了这些之后，我们就不会轻易被那些算命先生的“伎俩”所迷惑了，甚至可以义正言词地说到那句经典台词——“忽悠，你接着忽悠，不好使了”。通常会向算命师求助的人，多半是遇到了麻烦或者难题，希望求得建议或答案。所以，即使算命先生说中咨询者的性格或现状，也不具有多大意义，不要因为他们“算”准了而盲目轻信算命先生提出的解决方法，尤其是“破财消灾”这种诈取钱财的伎俩。

不吉利的数：数字忌讳症

现代社会中，几乎每一个角落都离不开数字。由于某些数字或与典故有关、或谐音相近、或受风俗习惯和大众心理影响，人们逐渐赋予了数字不同的感情色彩，有的数字被人偏爱，有的数字被人忌讳。如“8”，有的人认为是“发”而厚爱有加，而有的人则与“八病九痛”“乱七八糟”联系起来而不太喜欢；又如“4”，有的人认为是“死”的谐音而有所避讳，而有的人则认为“4”暗寓“四平八稳”“四通八达”，是一个吉祥数字。不仅国内，国外也有各种数字禁忌，典型的就是西方国家“黑色星期五”的“5”和不祥数字“13”。

就一般社会心理而言，时日也罢，航班也罢，楼层也罢，证件也罢，尽管有些人对某个数字并不喜欢，但并不会太在意或刻意去回避，更多的是当作一种调侃，在茶余饭后说说而已。但确有少数人对某个数字敏感过度，患上“数字忌讳症”。

伦敦沙威酒店以精美可口的菜肴、贴心周到的服务和富丽堂皇的装修闻名遐迩，不过，酒店的名声大震也离不开那座3英尺高的木制雕像——黑猫卡斯帕。1898年，一位名叫伍尔夫·乔尔的英国商人在酒店订了一张14人座的桌子。不巧的是，他的一名客人在最后时刻未能出席，所以只剩下了13人共同进餐。据传如果13人围坐在一起

吃饭是不吉利的，但伍尔夫决定不理会这个无稽之谈，照常宴请宾客。没想到，3个星期后他到南非旅行，在一桩骇人听闻的谋杀案中不幸中弹身亡。在接下来的几十年里，沙威酒店不再允许13人在一张桌子上共同进餐，如果的确出现了这样的宴请预订，他们就会安排一名员工加入。很明显，酒店再也不想冒险跟另一宗谋杀案扯上关系了。到了20世纪20年代，酒店邀请设计师巴塞尔·隆尼兹创作了一座雕像代替真人陪伴顾客进餐，卡斯帕由此诞生。从那以后，这件华美的黑猫装饰艺术品就一直陪伴富有的13位贵宾一起进餐。每一次，酒店都会为卡斯帕准备餐巾和全套的餐具，并且端上跟其他宾客完全一样的美味佳肴。卡斯帕也是英国首相温斯顿·丘吉尔的最爱，在第二次世界大战期间，一群军官在酒店就餐后抢走了卡斯帕，丘吉尔特意把它给找了回来。

1993年年初，研究人员想要了解门牌号为13的房子是不是真会给住在其中的人带来厄运，于是在30多家当地报纸上刊登了广告，希望住在13号房子里的人跟他们取得联系，并判断自己搬进房子后是不是距离好运越来越远了。结果有500户人家做出回应，大约有10%的住户表示在搬进13号后的确遭遇了更多的霉运。研究人员还想知道这种迷信思想会不会影响房价，于是又做了一次全国性调查，调查的对象是房地产经纪人。调查结果显示，40%的经纪人说购房人通常不愿意购买门牌号为13的房子，从而导致卖家不得不降价出售。在另外一些情况下，迷信思想的影响可能是生死攸关的。美国华盛顿特区相关疾病中心的心理学专家认为，我们中的大多数人都存在迷信思想。在很多情况下，迷信不仅是无害的，而且是一种减少忧虑的健康机制。迷信在某种程度上可以给人提供一种安全的感觉，帮助人们战胜畏惧感。然而，这种“迷信有益论”似乎没有得到更广泛的认同。西方国家的航空公司更强调用科学的方法来解释问题的因果关系，他们不可能允许职员，尤其是飞行员相信迷信。只是考虑到顾客的感受和需求，一些航空公司才没有设置13号座位。有独立的统计数字表明，在日期为13号的星期五，航空事故率和其他的360多天是一样的。

东方也好，西方也罢，迷信都没有给人带来真实的生活图景。今天仍然有很多人生活在无知、迷信和伪科学的黑暗里，看不到科学的光，原因就是对周遭的事物不加辨别、盲目接受。科学需要运用我们的大脑，而迷信则是把麻烦掩盖起来。

双胞胎的心灵感应

灵异现象一直是人们热议的话题，而当人们谈论起灵异现象时，总会想到同卵双胞胎之间的神秘的精神纽带联系。双胞胎一般可分为同卵双胞胎和异卵双胞胎两类，其中同卵双胞胎指两个胎儿由一个受精卵发育而成，这样的双胞胎一定是性别相同，外貌极为相似的，在性格爱好方面也非常接近。

2015年，英国《镜报》报道，有一对双胞胎兄弟，名字分别叫作洛根和查克里。2月10日，洛根与朋友在格兰洛斯镇玩耍，并发生了车祸。事发后，在家里的查克里忽然对母亲说，妈妈，你得去找一下洛根。母亲事后回忆，那个时候查克里就感觉不对劲了，因为平时兄弟二人关系十分亲密。后来，洛根很快被送往医院，但是仍旧伤重不治而亡。

另外，双胞胎考试分数相同往往被当作“心灵感应”的确凿证据。许多超自然能力的拥护者认为，那是出于心灵感应。而怀疑论者认为，那是因为双胞胎有相同的基因，又在同样的环境下长大，所以思维方式很接近，当他们做出相同的决定时，在外人看来，就好像他们彼此心灵相通一样。

为了解决这个问题，心理学家邀请了6对双胞胎和6对普通的兄弟姐妹参与实验。实验分为两部分进行。第一部分是一个简单的心灵感应测试，每对成员之一扮演心灵感应的发射者，另一个人则作为接收者，提供给发射者的信息是随机选择的，比如1到10的数字，一个物体，一张照片。发射者被要求在精神上传输这些信息给相应的接收者。

实验结果表明，不论是双胞胎之间，还是普通的兄弟姐妹之间，都找不到心灵感应的证据。

在实验的第二部分，心理学家要求发射者将他们脑海里出现的第一个数字、任意的图像，或是四张照片中的一张从精神上发送给他们的接收者。结果，和持相似论的人预料的一样，双胞胎之间的信息传递准确率远高于非双胞胎的兄弟姐妹。比如，在传输数字信息时，有20%的双胞胎选择了同样的数字，只有5%的非双胞胎传输和接收到了相同的数字。在传输图片信息时，双胞胎们的成功率是21%，而普通的兄弟姐妹的成功率只有8%。

总之，这些证据表明，双胞胎的心灵感应是出于高度相似的思维和行为方式，并不是什么心灵感应。

不过，仍然存在一些确实很巧合的现象。同卵双胞胎同时生病的情况十分常见。但是出现这种状况的原因是，双胞胎（特别是同卵双胞胎）的生理周期（包括智力周期、体力周期、情绪周期）较为一致。在遇到气候变化或其他的环境因素改变时，他们的身体会做出相同的反应。历史上甚至有双胞胎在睡梦中因心脏病同时发作而死亡的记录。因为有一些疾病，如某类心脏病引发猝死完全取决于一种遗传基因。

双胞胎虽能熟知对方的一些思维表达方式，但并没有心灵感应。如果分隔生活的时间很久，由于生活经历的不同，个人意识就会产生一些改变，所谓感应就逐渐消失。

从心理学的角度来分析，双胞胎自出生之日起，因为受到同一种生活习惯的培养与教育，又是在同一种环境的成长中形成各自的意识和情感，其经历基本相同，因此爱好与习性非常接近，并且也互相了解熟悉，在很多场合两人能够相互理解和正确猜测对方的言行、思维方式、情感心态和个性特点，容易出现“心灵感应”的现象。不过，尽管这样，超自然能力者还是可以找到许多双胞胎之间的灵异现象来证明事实并非共同生活这么简单，很多双胞胎都有这样的经历：二人虽然身处异地，可是他们的情绪状况常常很相似。

当然，生命的很多奥秘人类还不能够解释，生活中的许多现象我们还无法理解。正如人类基因之父克里克所说，“科学对一切未知的东西并不轻易否定”。但是，时至今日，我们仍没有直接的证据证明“心灵感应”的存在。

你相信真的有前世吗

我们的生命会一直延续下去吗？真的有前世吗？

我们可能永远无法证明自己有前世，就算能说出自己前世的名字、出生日期和生活地点，我们还是无法证明那个人就是前世的自己。但不管你信不信有前世的存在，他都可以影响你的今生。

轮回是一个神秘的概念，不同的人对它有着截然不同的理解，也可以解释生活中很多难以被解释的现象；它可以让我们明白为什么人生会有那么多不公和磨难；它可以让我们更加深刻地理解人与人为什么会如此不同！更重要的是，轮回可以让我们更深刻地认清自己今世的责任，从而更好地规划自己的行为和人生。

轮回或许可能是一件很可怕的事，因为它意味着再也无法一遇到麻烦就怨天尤人，为自己的厄运寻找替罪羊。“轮回”意味着“灵魂回归肉体”，也就是说，人的灵魂会在一个人死之时离开他/她的肉体，并开始寻找另一个肉体，一旦找到，灵魂便会以新的生命出现。前世作为和经历决定寻找肉体的标准，所以说，一个人在前世/今生越是珍惜自己的人生，他/她的今生/来世便越会受益。

轮回完整的发展周期包括灵魂从一个肉体诞生（即肉体受孕）到进入下一个肉体之间的整个过程。从一个肉体开始受孕到肉体消亡之间的这段时间，灵魂以化身的形式显露于世，所以化身有时也被称为“俗世凡胎”或“肉体阶段”。发展周期的另一半则是从肉体消亡到灵魂重生之间的这段时间，它有时被称为“宇宙期”或“灵性过渡期”。

“俗世凡胎”阶段从受孕时便已开始，此时灵魂已经确认了自己的肉身，便开始逐渐与受精卵同化。由于灵魂的能量极其强大，极其活跃，它很难在短时间内与受精卵完全融合，因此完成这一过程通常需要至少9个月的时间，这也就是我们所说的“孕期”。在这9个月之中，灵魂的能量会逐渐平息下来，变得不再那么活跃，9个月之后，灵魂便可以安全地与胚胎完全融合在一起，然后脱离母体，单独生存。

而“宇宙期”或“灵性过渡期”则开始于死亡之时，也就是肉体消亡的时候。通过在这段时间进行调整，重新评估人生，吸收消化前世的经历，并为开始下一世做准备，灵魂最重要的学习活动都是通过肉体进行的。

在过渡期，可以增强灵魂的力量，开启一段更好的历程，并在这段历程中学到更多新东西，弥补自己前世的不足。要想在理想的时间、地点和环境中转世，灵魂通常需要一段时间做准备。

由此我们意识到这样一个道理：我们不可能将灵魂与肉体、出生与死亡、死亡与转世等完全分离开来。所以，相信有前世和轮回的人，在今世会做很多善事，希望来世再次寻找到比今世更为优秀的肉体，俗称投胎转世。在这种思维的改变下，将会影响很多人今世的命运及前程，信与不信，做与不做只在一念间。

祈祷真的有力量吗

当下信仰自由，很多人在遇到困难时，不知道要如何去解决，为了寻求精神安慰，只能将自己的愿望寄托于虚拟世界，祈祷就是其中一种方式。那么，祈祷真的有效吗？

我们可以运用建设性的积极自我暗示，重塑过去形成的人生观。在此之前需要做的第一件事情就是让自己明白，暗示对自己能产生多大的影响，如何影响你的行为，制造失败和痛苦。而建设性的积极自我暗示则能够帮助你从强加的负面阴影中走出来，重新形成良好的习惯，克服困难，甚至创造奇迹。

你要坚信，只要在祈祷中坚持这种反复的陈述，无论各种反面的证据多么有力，你的祈祷都能够得到现实的回应。

一天，昆比应邀去拜访一位因行动不便而卧床的年迈妇女。他说，她的身体疾病，完全是由她将自己禁锢在一个狭小的活动空间导致的，她根本不能自如地站立和活动，她的精神状态实际上处在恐惧无知之中。昆比说：“在这个坟墓中，她不懂人生的美好。错误的观念不断地捆绑着她，约束着她的行为，使她一步步走向死亡。”

当这位妇女询问有关《圣经》段落的解释时，别人的回答就像一块石头投在她的心湖上，激起阵阵涟漪，她开始渴望精神的食粮。这些精神食粮带给她安慰，带给她生命的活力。昆比医生诊断她的病情为思想阴影和停滞，这一状况不仅源于她自身的兴奋、激动和恐惧，还源于她对《圣经》不解的困惑，这个严重的情感障碍在生理上的表现就是身体残疾。于是，昆比医生让这位妇女写下她是如何理解下面这段话的。

于是，耶稣说：“我还有不多的时候和你们同在，以后就回到差我来的那里去。你们要找我，却找不着；我所在的地方，你们不能到。”

她回答说，耶稣离我们而去，回到了天堂。昆比知道，她自己的错误理解就是她出现现在这种症状的原因。他对这位病人的症状十分同情，决心不让这位病人长期停留在充满恐惧的思想状态中。昆比认为，她需要“去找寻精神中的上帝”，于是昆比重新解释了这段话。

这位妇女明白了，这段话的意思并不是上帝离开了我们。上帝之所以说“因此，我能去我想去的地方，而你不能”，那是因为人类的信仰狭小局限，而耶稣的精神境界宽广无垠。昆比告诉她，耶稣其实与她同在，还引领着她畅游了思想的海洋，让她集中精神去思考神圣的观念。病人的祈祷和医生的解释瞬间产生了共鸣，她放下拐杖，奇迹般地站了起来！她在没有遇到医生之前，错误地生活在死亡的阴影之下。而医生给她带来生命的真理无异于把她从死亡的阴影中解脱出来。她所接受的真理就是她自己的天使，它们搬走了恐惧、无知和迷信的大石块，为正确的想法开辟出了道路，使得她最后完全康复。

其实所谓的祈祷，就是让自己去顺应内心更高的行为准则。如果想成为一个有能力的人，那么，从现在开始就必须改变自己。首先改变你的内心，然后你的行为和外部世界都会随之改变，成为你所心仪的样子。

近肥胖者会发胖吗

人们经常说近朱者赤，近墨者黑，却很少有人说近肥胖者胖。事实上，近肥胖者会发胖。为什么呢？

如果你的朋友和家人发胖，你也很可能会发胖。在最近的一项研究中，研究者们有惊人的发现：肥胖会“社会传染”，它很容易从一个人传播到另一个人。

肥胖是全球的公共健康问题，全世界大约有15亿人超重，其中超过4亿人肥胖。2/3的美国人超重或者肥胖。最近一项美国研究结论很有趣，你的肥胖标准是在对比中建立的。如果你的配偶肥胖，你的发胖概率将上升37%，如果兄弟姐妹肥胖，则你的发胖概率将上升40%，但如果你的好朋友肥胖，那么你的发胖概率将上升57%。在最亲密的友谊中，风险几乎增加三倍。虽然说拥有朋友会使人健康，但别忘记做一件事，就是摆脱朋友肥胖的影响。

由美国联邦政府资助的大型研究发现在你喜欢的人住得很远的

情况下上述规律仍然有效。社会联结（social ties）似乎发挥着令人惊讶的强大作用，甚至是超越我们所知道的基因作用。

“我们很惊讶地发现，远在百里之外的朋友对一个人体重的影响就如同住在隔壁的朋友一样。”加利福尼亚大学的合作研究者詹姆斯·福勒说。

研究者认为，不仅相似饮食和运动习惯让人们走到一起，而且亲戚和朋友变得肥胖改变了一个人可以接受的体重的标准。

尽管有这样的发现，但研究者还是说人们不用切断他们与朋友的关系。

“有大量的研究证明拥有更多的朋友会让你更健康，”福勒说，“所以最后一件你应该做的事情就是摆脱你每一个朋友的影响。”

该项研究由美国国家老龄化学会资助，结果发表在《新英格兰医学》杂志上。

研究者分析了弗雷明汉心脏研究中被试的病史档案。弗雷明汉心脏研究跟踪调查研究波士顿郊区小镇弗雷明汉的居民健康状况超过了半个世纪。研究者们通过每次测试时被试提供的联系信息来跟踪记录他们的亲戚和朋友，这持续超过了32年。

总共有12067人，所有的弗雷明汉被试都参与了这项研究。

在考虑了体重的自然增加和其他因素之后，研究者们发现了这个巨大的影响发生在朋友之间，而不是在拥有共同基因或者生活在同一家庭的人之间。地理和禁止吸烟在肥胖上都没有影响。经研究者计算，平均而言，当一个肥胖的人增加17磅，他的朋友相应就会增加5磅。性别也有强烈的影响。在同性朋友中，如果一个朋友变胖，那他变胖的危险就增加71%；在兄弟之间，变胖的危险增加44%；在姐妹之间，变胖的危险增加67%。

印第安纳大学的统计学家斯坦·沃瑟曼说，虽然这项研究做得很聪明，但它也有局限，因为它排除了弗雷明汉团体以外的关系。

许多最近的研究都试图搜寻与食欲和能量消耗有关的肥胖基因，治疗也主要集中于通过良好的饮食习惯来帮助人们抑制他们的体重。此项研究发现为治疗肥胖这个世界性的疾病开辟了一条新的道路。研究者表示，通过团体的方式来治疗肥胖也许会有用，或许可以用以替代个体治疗。

“因为人们是相连接的，他们的健康也是相连接的，与肥胖的人亲近，容易改变自己对肥胖的标准，导致自己跟着肥胖。”该研究的领导者，哈佛大学社会学家尼古拉斯·克里斯塔基斯说。

没有参与此项研究的肥胖专家说这个发现支持了他们一直的猜想：人们通过观察其他人来确定什么是可接受的体重。

“如果你只有一点点胖，而你周围的人都相当的胖，当你照镜子的时候你就会感觉很好。”耶鲁大学预防研究中心主任大卫·卡茨博士说。

因此，跟肥胖的人做朋友，千万记得不要受他们影响而改变肥胖的标准。特别是爱漂亮的女孩，记得肥胖是爱美的天敌。

原罪时刻——理智向左，疯狂向右

环境相同，为何有人犯罪而更多人不会

36岁的刘某，父母都在机关任职，他是家中唯一的男孩，另外还有两个姐姐。父母一向对他娇生惯养，他逐渐养成了好逸恶劳、自私自利、唯我独尊的恶习。

18岁那年，通过父亲的关系，刘某进了当地的一家工厂当工人。不过，刘某一向好享受，根本不用心干活，整天游手好闲。有一回，他在路边的小摊上吃饭，结识了几个小青年。这几个小青年曾因盗窃被劳教几年，跟刘某一样好逸恶劳，整天在工厂附近惹是生非。刘某和他们臭味相投，很快成了“哥们儿兄弟”。

一个月后的一天，当刘某再次向这几位“好友”诉苦无钱消费时，这几个人教唆他说：“哎，你傻啊！守着个大金库也不知道好好利用。你们厂里的东西哪个拿出来不是钱？”刘某一听，顿时“领悟”过来：原来，财源竟在自己身边！

自此，刘某学会了偷窃。起初只是偷厂里的东西拿出去卖，然后与几位“好友”大吃大喝。尽管开始时感到恐惧、紧张，但尝到甜头后，他的胆子越来越大，心想：“反正也不是什么大不了的事，谁知道是我干的！”他多次撬开厂长的办公室门、宿舍门进屋盗窃，累计金额10万元。正当他陶醉于自己“高明”的作案技巧时，警察在一次蹲点行动中抓获了他。

为什么同在一个家庭里，只有他走向犯罪道路？为什么同在一个单位，只有他与那些小青年混在一起？下面我们来对犯罪人的心理进行分析。

首先，心理的实质是人脑对客观现实主观能动的反映。其次，心理是客观现实在人脑中的反映，但这种反映不像照相机、镜子一样机械、消极、被动，而是积极能动的反映。当然，这样的说法比较抽象，具体到本案例的犯罪人刘某身上，这种积极能动的反映就表现在两个方面。

一是有选择的反映，这就可以解释为什么在相同的教育环境下，为什么同一家庭的兄弟姐妹，姐姐们能健康成长，而犯罪人刘某却走向了违法犯罪的道路。不同的个体由于结交朋友及社会生活条件等方面的差异，其价值取向、认识角度的差异总是客观存在的，所以，对同一个事物的反映常常表现出“仁者见仁，智者见智”。而且，即使是同一人，在不同的环境和身心状态下，对同一事物的反映也有差别。

二是心理活动对自己的行为活动有巨大的指导、调节作用。人在反映客观事物的同时，还在积极地改造客观世界，使之更好地为自身服务，同时人的心理在实践中也得到发展。本案例中的犯罪人刘某，因为家庭的溺爱而形成好逸恶劳、好吃懒做的个性，导致他有了不良社会交往，这就是“物以类聚，人以群分”。而不良交往只能使其不良个性越变越坏，最终形成犯罪心理，由初犯变成惯犯。

从犯罪人刘某的身上我们可以看出，犯罪心理实质也遵循着普通人的心理实质，都是对客观环境的反映，只是反映的内容不同，

而犯罪人的大脑往往偏向于对客观现实中的不良因素进行主观能动反映。因此，对于犯罪心理产生的根源，我们要到客观现实中去寻找，而犯罪人已形成的不良个性特征、行为习惯等，直接影响他对外界客观现实的选择。这样，我们便能理解为什么在相同环境下，绝大多数人不犯罪，而只有少数人犯罪。

不要和陌生人说话

2016年3月1日，《中华人民共和国反家庭暴力法》正式实施。这意味着我国对家庭暴力的重视。

自古以来，人们就用“夫妻本是同命鸟，病苦来时相扶持”来形容家的重要。构建和谐社会的基本细胞就是家庭。所以，家庭暴力不仅危及一个家庭的幸福，也危及社会的安定团结。

年轻漂亮的中学老师梅湘南要结婚了，丈夫安嘉和是厦门的胸外科专家，在医院乃至全厦门都很有地位。但就在出嫁之日，梅湘南突然被警察告知：当年将她强暴的高兵越狱逃出，很有可能潜回厦门对她进行报复。

高兵果然回来报复了，他绑架了梅湘南。安嘉和的弟弟安嘉睦冒险救出梅湘南，高兵被抓获。安嘉和赶来，高兵用话刺激安嘉和，嘉和不禁对梅湘南与高兵独处36小时发生了什么起了疑心。回家质问未果的情况下，安嘉和动手打了妻子。

后来，高兵在医院死了，安嘉和成了最大的嫌疑人，被医院停职。回到家，被高兵弄得精神近乎崩溃的安嘉和，暴怒之下再一次对妻子梅湘南大打出手。当梅湘南因做家访而晚归时，安嘉和又疑心重重，借口梅湘南影响他休息，两人言语中又提及高兵，一言不合，安嘉和又一次暴打梅湘南，后者进了医院。看着伤心的梅湘南，安嘉和终于承认自己的上一次婚姻并不幸福，前妻对他的不忠给他留下了很大的心理阴影。梅湘南无言地原谅了安嘉和。可是，多疑让安嘉和停不下暴打妻子的手，导致妻子流产……

最后，安嘉和由于杀人被通缉，在逃亡中通过梅母找到了远走他乡的妻子。安嘉和自知死罪难逃，等弟弟安嘉睦赶到后，向弟弟和妻子交代完所有的事，对梅湘南说了最后的一句——我爱你，然后举枪自杀了……

电视剧《不要和陌生人说话》播出时在社会上引起热议，被称为“第一部反映家庭暴力的电视剧”。从整体上看，这部电视剧所营造的氛围很压抑，让人喘不过气来，第一次将一个深刻而又沉重的社会话题——家庭暴力搬上了银屏。

调查显示，我国家庭暴力发生率为29.7%～35.7%，其中90%以上的受害者为女性。大部分遭到家暴的女性都选择了忍气吞声，这是什么原因造成的呢？

（1）传统的家丑不可外扬心态作祟。有一部分默默忍受的女性觉得这是“家丑”，并没有意识到这是违法行为。她们可能担心将这些事宣扬出去以后，丈夫的名声没有了，自己也会成为别人口中“嫁得不好”的谈资。很多人为了保住自己所谓的“面子”，一味忍气吞声。

（2）经济和精神不独立，对丈夫在物质和精神上依赖太强。这种心理就是普遍的。“他如果不要我，谁还会要我呢？我已经嫁过一次人了，以后也不会再有好人家要我了！我要是离开了他还怎么自己生活呢？”这是典型的没有办法维持自己生存生活的女性。

（3）自欺欺人地认为“只有这一次”。很多时候，部分女性过于为丈夫“考虑”，他压力太大、负担太多、有房贷要还、有两个家庭的老人要照顾……而多数女性也幻想“不会再有下次了”，但是“下次”终归还会到来。

（4）过于忍让。每次都想着只要忍忍就好，一次次地迁就纵容，一次次地无缘由忍让，一次次地只认为自己是弱者，这就越发使得施暴者无所顾忌。

事实上，家庭暴力是一个全球性的问题。在世界各国，家庭中虐待妻子的现象都十分常见。在家庭暴力中，受害者多半为妇女和儿童。尽管引起暴力的因素很多，但心理因素显然扮演着极为重要的角色。可以说，家庭暴力的实施者至少在当时就存在心理障碍。因此，当事人自己应积极寻求社会救助，千万不能默默忍受、听之任之，重蹈梅湘南的覆辙。

别让恋童癖从病态走向罪恶

恋童癖是指成年人的性要求和性反应部分或全部有意识地指向那些通常在13岁以下的儿童。这样的癖好一旦缺乏控制，就会导致很多儿童深受其害。

1996年，来自美国科罗拉多州的琼贝妮特·拉姆齐在儿童选美大赛中脱颖而出，成功当选“科罗拉多小美后”和“美国小美后”，成为轰动全美的小明星。然而，当年12月26日，琼贝妮特的父母发现女儿死在自家地下室，身上有被殴打的痕迹。尸检结果还表明，琼贝妮特死前可能遭遇过性侵犯。童星命案一时间轰动全美，但始终未能告破。

这起案件背后可能隐藏着一名恋童癖患者。“恋童癖”一词是从希腊文演变而来的，过去常指在天主教堂里，对唱诗班的孩子有不轨举动。后来，心理学家发现有这种病的人和宗教信仰、教育程度、收入、社会地位以及职业没有关系。

国外和国内的许多专家都认为，恋童癖是一种心理、行为疾病，与生理残疾、心理或性心理疾病、智商低下、衰老或大脑损伤等有关。

恋童癖的一般迹象是：患者在小孩和成人中都比较受欢迎，但是他们和小孩在一起比和大人在一起感觉更舒服；他们喜欢幼童，会花时间和孩子待在一起，特别对缺乏家庭温暖和关心的孩子颇费心思；他们很少强迫或欺骗孩子进行性接触，通常采用“友谊”的方式进行身体接触，而身体接触是从触摸开始的，由此发展到最后的性接触。

美国《精神疾病诊断与统计手册》中提到，被捕的恋童癖罪犯总体年龄在35岁以上，大多在幼年时家庭生活不快乐，形成依赖、缺乏自信的人格，对性保守，且在正常婚姻性关系上适应不良。

有关学者在研究恋童癖患者后发现，患者多性格怯弱、自卑、被动，几乎所有患者在幼年时都存在不同程度的不良家教经历。他们在幼年或青少年时代的性创伤会使性心理发育受阻，或是由于被恋人抛弃，再无勇气追求成年异性间的性欢愉，只得通过侵犯弱势人群——小孩来满足自己的性需要。

部分患者在性心理发育早期曾经被同性的大人性骚扰过，这种强烈的刺激在其大脑中留下印象，对其日后的行为产生了深远的影响。也有一些患者对儿童示爱可能是出于对童年时代的留恋，对儿童时代的性游戏表示关注和回顾；或者是因遭受人际关系方面的挫折，特别是与亲人和自己的家庭相处不好，感到与成人社会的交往十分费力，而与儿童打交道则不需要动太多的脑筋，可以自由自在地表现自己，能毫不费劲地得到性方面的快感。由于小孩缺乏反抗能力，往往又不敢张扬出去，所以恋童癖患者一次得手后，恋童行为可能会立即强化，使其越陷越深。

恋童癖行为不仅危害儿童的心理健康，而且容易将性病和艾滋病传染给儿童。此外，性骚扰、性侵犯本身就危害社会秩序，有违道德伦理，为社会规范所不容，应受到法律的严惩。

当然，惩罚和道德谴责属于外在的约束，恋童癖患者存在严重的心理问题，我们应该正确对待，及时用医学手段予以治疗，从“内部”消除其病态心理。目前，实践中已有较可靠的治疗方法，且多配合心理治疗进行。

从另一角度来说，要教育孩子有正确的性知识，不要将“性”神秘化，并培养孩子安全防范意识，当遭遇性骚扰时，要及时告知家长和老师。

徐步高枪击案

徐步高枪击案是2001—2006年在中国香港发生的三宗涉及警员徐步高的开枪杀人案，由于案件比较复杂且后果较严重，受到高度关注。

2001年3月14日，一名名叫梁成恩的警员被杀，身中五枪，配枪被夺，同时被抢的还有6发备用子弹。

2001年12月，在荃湾丽城花园恒生银行发生了一宗持枪抢劫案，凶手蒙面，抢走了银行50多万港币的现金，并开枪杀害了银行内有反抗行为的巴基斯坦籍护卫。警方通过弹道检测发现，凶手所用的手枪正是同年年初被杀警员梁成恩被抢的配枪。

2006年3月17日凌晨，香港尖沙咀广东道与柯士甸道交界、住宅大厦港景峰对开一条人行隧道内，两名当值军装警员曾国恒及冼家强在巡逻中忽然被人枪击，冼家强脸部中了一枪，曾国恒中两枪，并在身亡前打出五枪，全部击中凶手。

据香港警方相关人士透露，凶手徐步高加入警队13年，自认“文武双全”，晋升有望，但因性格孤僻，人际关系障碍，屡次考试都没有考上警长。最后，他可能自感“怀才不遇”，心生恨意而走入“魔道”，向警队展开报复。而据徐步高生前好友声称，他喜好阅读，但是也有嫖赌的爱好，而且为人比较自大极端，对政治人物极感兴趣……其个性十分复杂，人格也较为多变。美国联邦调查局特别调查主任、犯罪心理学国际权威麦克纳马拉在死因聆讯时指出，徐步高可能患有分裂型人格障碍症。

分裂型人格障碍症患者主要表现为缺乏温情，难以与别人建立深厚的情感联系，因此，他们的人际关系一般较差，大多不能享受生活中的种种乐趣，如夫妻间的交融、家人团聚的天伦之乐等，同时也缺乏表达细腻情感的能力，因此大多数分裂型人格障碍症患者都是独身，即使结了婚，也多以离婚告终。一般说来，这类人对别人的意见，无论赞扬还是批评，均无动于衷，过着孤独寂寞的生活。其中有些人也有业余爱好，但多是阅读、听音乐等安静而被动的活动，部分人还可能一生沉醉于某种专业，最终获得较高的成就。但总体来说，这类人生活较平淡、刻板，缺乏创造性和独立性，难以适应多变的现代社会。

这类人的性欲冷淡也颇为突出，他们可称“不近女色”的模范。他们的内心世界极其丰富，常常想入非非，但缺乏相应的情感内容。他们总是以冷漠无情来回应周围的关注，以“眼不见为净”的方式来逃避现实，但他们这种与世无争的行为表现往往难以压抑内心的焦虑和敌意。

导致分裂型人格产生的主要原因是个体不能适应环境。这类人一般都有较强的自尊心，但多种原因使他们经常遭受挫折、失败、屈辱，其自尊心长期得不到满足，自卑、怯懦、胆小等人格特点逐渐发展、强化和巩固，最终成为他身上稳定的人格特征。例如，能力不足、缺乏合作经验，因而遭受挫折；与他人合作不好，人际关系不融洽，因而很少获得成功；经常受到上级过分苛责或严厉的批评指责、他人当众羞辱等，都会严重伤害他们的自尊心。受环境压抑或社会观念的影响（如遗传决定论、宿命论等），承认自己天资不如人或时运不济，并以此来解释自己的处境，聊以自慰，其结果往往是助长了自卑心理。由于性格内向，不好交往，他们不了解周围的人，别人也不了解他们，这样，他们难以得到他人的同情、谅解和帮助。

对分裂型人格障碍症的治疗目标是要纠正其孤独离群性、情感淡漠和与周围环境的分离性。具体方法有以下几种。

（1）提高认知，要求本人有意识地分析自己，确定积极的人生目标。应使分裂型人格障碍症患者懂得这样一个道理：人生是一个情趣无穷的愉快旅程，每个人都应该像一位兴趣盎然的旅行家，这样内心才能充满生活的乐趣和前进的动力。

（2）多做社会实践。尽可能地创造条件，有意识地接触社会实际生活，扩大接受社会信息的范围，促使兴趣多样化。

（3）参加兴趣小组活动。这是培养兴趣的较好形式，内容有绘画、歌咏、舞蹈、体育锻炼、科技活动等。

另类偷窃，只为了寻找快感

健康的教育体系应该是全面的，德智体美劳面面俱到，这样才能培养真正能够立足社会、奉献社会的21世纪人才。但是，在我们的教育体系中，却常常出现“偏科”，智力的培育抓得非常到位，而其他方面的教育却常常出现缺失，这导致了很多学生出现各种畸形的心理，不能很好地适应周围的环境，给成长的过程蒙上了阴影。

某大学发生了一件奇怪的盗窃案。一新生女寝室频繁被盗，仅两个月时间，被盗次数达20余次之多。奇怪的是，被盗钱物每次价值均在百元以下，被盗物品仅仅是日常生活所需的牛奶、水果、内衣内裤、零钱等，而放在寝室的大额现金及银行卡、手提电脑等贵重物品却没有被盗过。

经过一番调查，疑点开始集中到一名叫芸的女生身上。名单报上去后，学校惊呆了：芸在学校里各科成绩都非常好，学习也特别刻苦，是什么原因让这个尖子生走上这条路呢？是贫穷，还是其他？

起初，芸咬破手指写血书，赌咒发誓不承认其所为。经过反复的思想工作，她才开始认错，但问到偷盗的目的，她的回答令在场的每一个人大吃一惊。她说，她从不缺吃少穿，她不需要偷东西来满足自己的花销。她偷东西，仅仅是为了报复周围的人，从中找到快感。

为什么学习上一向表现优秀的芸会做出这种大家所不齿的行为呢？很大原因是芸总是对身边的人无法产生信任感，甚至充满敌意。在偷窃中她觉得自己实现了对他人的报复，于是充满了胜利的喜悦。

那么又是什么原因，让芸形成这种孤僻的性格，在人际交往中始终对人充满敌意呢？在调查访谈中，我们了解到，芸这种对他人的敌意，是从小时候耳闻目睹了别人对母亲的不公后开始的。

芸的母亲能干善良，对邻居特别友善。但是她却一直生活在别人对母亲的嘲笑与轻视里。大一点才知道，别人看不起母亲，仅仅是因为母亲生得特别矮小，五官看上去有一些不协调。

从初中开始，芸一直刻苦读书，她期望考上好的学校后以自己的能力向别人证明自己，也为母亲讨回面子。但是，尽管成绩再好，因家庭环境的影响，同学仍然看不起她。在学校，她常常是一个人独来独往，给同学的印象，是性情冷僻，不好相处的那种。所以，在学校里几乎没有人愿意和她做朋友。有时，她甚至觉得周围的同学都在私底下取笑自己、取笑母亲。

在这种环境下，她常常感到自卑和绝望，似乎无论自己如何努力，也摆脱不了别人轻蔑的眼光。在压抑与愤怒之中，她便想到了报复。不管是邻居，还是同学，谁看不起她，她就偷谁的心爱之物。她发现，每偷盗成功一次，她就从中获得到一种极大的快感。随着这种偷来的藏品越来越多，她的心情也变得越来越愉悦。以致后来，心情稍有不顺，就开始朝别人下手。

其实，类似的偷盗现象在其他的大学生中也有过，起因也都是无法正确对待周围的眼光，借此来平息自己心中的不满。有关专家认为，社会上的偷窃，从心理学的角度去分析，一般属于一种生存行为。而就像发生在这名女生身上的这种偷窃，是属于心理不卫生行为。这种盗窃，偷了东西不是为换钱，偷了钱也不自己用，只是从“偷”这种行为中享受一种乐趣，一种快感。

可每每遇到这种情况，就如发现了暴露癖一样，人们一般都是从道德角度去考虑，很少从心理学的角度去分析，去帮助。很多时候，事发后，有这样畸形偷窃心理的孩子，无一例外地受到学校严厉处分，心理得不到及时疏导，很容易发展成为严重的抑郁症患者。

正确的做法，应该是给孩子更多心理上的关爱，找到他们心理问题的根源，对症下药，及时给予心理的疏导和指引，让孩子回到正确的人格轨道上。作为父母，在事发之后，应避免打骂或羞辱孩子，而应站在孩子一边，给孩子更多理解和帮助，让他们觉得自己并不孤立。而学校，应该建立更有效的心理疏导机制，让孩子在遭遇精神苦闷时，能找到倾诉对象，大胆讲述自己的精神障碍，促进孩子健康人格及早形成。

总之，很多孩子犯错并不仅仅是他们自身的错，而是我们教育的一种失误，在重视对孩子进行智力教育的同时，自身的人格修炼与健康人格教育，也应引起家长、学校、社会的深思。

为什么有些人看起来像冷血杀手

日常生活中，我们常常听到“那个人看上去就像坏人”“他长得就一副小偷的样子”等等，我们都知道不能以貌取人，但事实上，相貌却常常影响我们的判断和决策。

心理学家们曾经做过这样一个实验：在英国广播公司的王牌科技类节目《明日世界》的直播中，他们播放一段模拟审判的视频，然后请观众充当陪审团，来确定视频中的被告是否有罪。观众可以通过拨打两个不同的电话号码进行投票。

不过，电视观众并不知道，研究人员已经把全国分成了两个大组。为了配合这次实验，英国广播公司让发射器传输两种不同的信号，从而让两组观众看到的是两种不同的节目。

被告被指控破门而入偷走了一台电脑，所有电视观众看到的犯罪证据都是一样的。然而，两组观众看到的被告是不同的。其中一个被告的脸部特征与人们通常想象的罪犯非常吻合——塌塌的鼻子和深陷的眼窝。另外一个被告的脸部特征则给人以清白无辜的印象——婴儿脸和清澈的蓝眼睛。为了确保实验不受其他因素的影响，两名被告穿的衣服是完全一样的，坐在被告席上完全相同的位置，而且都面无表情。

实验结果证明，很多观众的判断都受到了被告脸部特征的影响。大约40%的人认为塌鼻子、深眼窝的被告有罪；只有29%的观众认为娃娃脸、蓝眼睛的被告有罪。很多人忽视了犯罪证据的复杂性，单凭被告的脸部特征就草草做出了自己的决定。

陪审团要做的决定都是很严肃的，所以他们必须尽最大可能保持理性。

这项研究让我们看到，在我们尽最大可能保持理性的判断中，面貌的影响还是难以避免的。我们明明知道不能单靠一个人的长相，便判断这个人是不是会违法犯罪，但事实上我们常常无意识地这样做。不仅普通人会受这种长相效应的影响，就连训练有素的律师、法官，也难说完全不受左右。

著名的美国卡通漫画家盖瑞·拉尔森，就曾以漫画《远征》来反映这种奇怪却真实存在的现象。漫画的场景是一间法庭，被告的辩护律师正在向陪审团慷慨陈词。律师指着被告说：“那么请问陪审团，这看起来像是冷血杀手的脸吗？”坐在被告席上的是一个西装革履的人，不过这个人的脸并没有出现，读者看到的只是一个典型的漫画式笑脸：两个黑点代表的是眼睛，一个凸向下方的半圆代表的是微笑时的嘴形。就像所有优秀的喜剧一样，拉尔森的漫画让我们发出了源自内心的笑声，但随后也让我们陷入了沉思：既然面貌会影响我们对一个人的判断，那么我们是不是也可以通过修整一个人的面貌，来改变别人的看法，甚至改变这个人的行为呢?

在《影响力》一书中，心理学家罗伯特·西奥迪尼将这项研究与一个极不寻常的实验联系在了一起，实验的目的在于探讨在监狱里对病人施行整形手术的后果。20世纪60年代末，为了矫正脸部出现的损伤，纽约市监狱的一群犯人被施行了整形手术。研究人员发现，与没有接受整形手术的犯人相比，整过形的人再次犯罪入狱的可能性要小很多。罪犯接受改造的程度看起来并不能防止他们再次作案，比如教育和培训，但外貌却好像能够决定一切。实验结果引起了一些社会政策制定者的注意，他们表示，社会上的刻板印象是导致一些人屡次走上犯罪道路的原因所在，而改变其外貌特征是一种阻止他们再次作案的有效方式。

这种说法或许是有道理的。不过，西奥迪尼却利用詹姆士·斯图尔特获取的数据对实验结果做出了另外一种诠释。整形手术对于罪犯是否会再次作案可能并没有什么影响，只不过是外貌得到改善后意味着他们不太可能被投入监狱罢了。

无论是哪一种解释，我们都看到了面貌的改变，无论对当事人还是对旁观者的思维判断都会产生一定的影响。由此，我们也可以得到一些启发：在生活中，多关注一下自己的相貌，往人们期待的方向修饰自己的相貌，比如，为了显示阳刚、成熟、优越、自信和勇敢而留胡须，为了表现出诚实、可靠、整洁、稳重等特性而刮光胡子，等等。这些有针对性的改变，有利于我们给别人留下一个美好的印象，让别人做出有益于我们的判断。

捉妖记——病态人格在作祟

诺曼特烦恼

《雨人》（*Rain Man*）无疑是心理题材电影中的经典。

靠倒卖汽车为生的小商人查理与父亲不和，分开多年。某天他突然收到父亲的死讯，而他一开始认为父亲留下的300万元遗产正好可以帮他渡过生意上的难关，但无奈的是，父亲把这笔巨款留给了他认为从未谋面的哥哥诺曼。

诺曼是一个自闭症患者。查理将诺曼从精神病院拐出，试图从诺曼监护人那里敲诈到这笔遗产。但在与哥哥相处的短短几天里，查理为亲情所感动，放弃了对遗产的争夺。

“Rain Man”这个古怪的称谓来自诺曼的名字。在查理两岁前，诺曼和他住在一起，还经常在查理哭闹时讲故事安慰他。一次，诺曼不慎将查理放入浴室的热水中，父亲认为他会对弟弟造成危险，遂将他送入精神病院。查理从不知道自己有一个兄长，却有一个贯穿少年时代的幻想：每当自己内心痛苦的时候，他都幻想着有一位“Rain Man”来安慰自己，这其实是“诺曼”的谐音留下的潜意识。

自闭症于1938年由美国精神科医生凯纳发现，而《雨人》恰好上演于半个世纪后。

这样一部电影在艺术上能够达到优秀的标准，必须做到表层意义准确，比喻意义深刻，并且和表层意义紧密相连。《雨人》这部电影的表层意义就是对自闭症症状的描写，从电影中我们可以看到自闭症的一般表现特征。

1. 严重的语言发展问题

语言发展缓慢，通常还带有某些特别的说话模式或词语模式，对一些词语人为地赋予不合适的特殊含义。就像小孩子还只会说“妈妈”一个词语时，妈妈要从当时的情境中去理解孩子真正要说的话。

2. 严重地偏离正常的社会关系

自闭症孩子很少使用眼睛来交流，不愿让他人抱，不知道如何与他人玩耍，不知道如何与他人交朋友。

3. 感知反应不正常

有时可能会对说话或声音毫无反应，像聋人一般，但有时又会对一些日常普通的声音反应过激；有时对冷热、疼痛毫无反应，但有时又会反应过激。

4. 智力问题

大多数自闭症患者智力发展迟缓，只有约1/4比较正常，但他们中有些人会具有一些特别突出的才能，如绘画、算术、音乐等方面的才能。

5. 活动与兴趣方面的固定模式

自闭症患者可能会习惯于不断重复某个动作，也可能按每天的固定习惯行事，如走同一条路线，按同一个顺序穿衣服，而一旦固有的习惯发生变化，便会感到烦躁不安。

患有自闭症的人往往会将自己与外界隔绝开来，很少或根本没有社交活动，除了必要的工作、学习、购物，大部分时间喜欢待在家里。自闭症患者大多很孤独，没有朋友，甚至害怕社交活动。而这种自我封闭的心理现象在各个年龄层次都可能产生，儿童有电视幽闭症，青少年有因羞涩引起的社交恐惧心理，中年人有社交厌倦心理，老年人有因“空巢”（指子女成家）或配偶去世而引起的自我封闭心理。

自闭症患者对与人接触感到恐惧，表现出复杂多样的刻板行为，比如，不停地自言自语，一定要每天吃同样的食品，甚至数量都不能改变。他们的智力或许并没有问题，甚至可能在语言或者计算方面有惊人的天赋，如能背诵《圣经》、心算复杂的数学题等，但这些知识无法被运用于生活中。影片里，诺曼可以心算复杂的数学题，却不知道1美元花掉50美分后还剩多少。

直到今天，医学界仍然没有搞清导致这种疾病的原因。遗传曾被认为是自闭症重要的影响因素之一，但目前全世界有关自闭症病因的研究结果都不能证明遗传是造成自闭症的唯一原因。另一条线索集中在寻找脑功能的变异上。在脑系统的不同区域都发现了各种变异的存在，目前可以肯定脑部大范围区域的神经生理损伤是产生自闭症的重要因素。总之，关于自闭症的发病原因，最新的研究结果趋向于“多因素致病”说，即不止一种导致患病的因素。

对于自闭心理，有哪些调节方法呢？

（1）如果我们对周围的人表现冷淡，就意味着我们对他人的信任感已被自我封闭的重压毁灭了，因此很难从周围的人群中获得乐趣。这时，我们应该尽量放松自己的心情，不妨和见面的人多打招呼，或者在常去买东西的商店里和售货员聊聊天，或者和刚结识的新朋友一起去郊游。努力寻找童年时交友的感觉，信任他人和自己，而不要每时每刻都疑虑丛生。

（2）应学会对自己说“没关系”。孩子们常常能够无忧无虑地欢笑，他们的烦恼从不闷在心里，而成年人常常会被生活中各种各样伤脑筋的事压得喘不过气来。生活中真有那么多的烦恼吗？其实，许多事并没有想象中那么严重，只是我们把它放大了而已。要学会对自己说“没关系”，这样，生活就会充满开怀的笑声。

（3）要顺其自然地生活，不要为一件事没按照设想进行而烦恼，不要为某一次待人接物时考虑不周而后悔不已。如果对每件事都精心策划以求万无一失，就可能会不知不觉地把自己的感情封闭起来。我们应该重视生活中偶然的灵感和乐趣，明白快乐是人生的一个重要价值标准，不要整日为了一个明确目标或为解决某一项难题而忧心。

（4）不要掩饰自己的真实感情，如果和挚友即将分离，我们不必为了避免让别人看到自己的眼泪而强忍着或躲到洗手间去。同样，我们也不必为了避免别人的流言而把自己最有价值的地方掩饰起来。生活中许许多多的事都是这样，需要遵从自己的内心。

洁癖是病，得治

喜欢干净、整洁本无可厚非，也是一种良好的品格，但是，爱清洁爱得太过分，就是一种心理疾患了，心理学家称之为“洁癖”。

明代画家倪云林就是一个爱洁成癖之人，连自己的文房四宝——笔、墨、纸、砚都有两个用人专门负责保管，随时擦洗。院里的梧桐树，他也要命人每日早晚挑水擦洗干净。一天，一个好友来访，

夜宿倪云林家中。因怕朋友不干净，倪云林一夜之间竟亲自视察三四次，听到朋友咳嗽一声就担心得一宿未眠。及至天亮，他便命用人寻找朋友吐的痰在哪里。用人找遍各个角落也没见痰的痕迹，又怕挨骂，只好找了一片稍微有点脏的树叶送到他面前，说就在这里。倪云林斜睨了一眼，厌恶地闭上眼睛，捂住鼻子，叫用人送到三里外丢掉。

洁癖是一种心理障碍，也是强迫症的一种表现。具体说来，产生洁癖的心理动因有以下几点。

（1）受家庭影响。有些洁癖者的父母特别是母亲，往往就是一个洁癖者，他们对子女的洁净有一种超乎寻常的要求。

（2）洁癖可能反映了一种自卑心理。有些洁癖者出于某种原因感到很自卑，很担心自己因不整洁而被人看不起。

（3）洁癖是一种代偿行为。所谓代偿行为，就是人在某种心理欲望得不到满足时，通过其他方法来获得替代满足的一种方式。比方说，有的人不能在婚姻的性事中得到满足，就企图借外在的洁净来增加自己的魅力，满足自己被爱的强烈心理需求。

有洁癖的人没有时间去享受生活，常常感到紧张和痛苦，活得特别累，感受不到幸福。过分洁癖还会导致人的免疫功能减退，影响健康。

其实，细菌是人类生活环境的必要组成部分，日常接触到的众多细菌对生活与健康是有益的。如果不加选择地灭菌，可能会消灭一部分有益细菌，但也给那些抵抗力、适应性、侵袭力强的有害病菌开了绿灯，破坏人体内及自然环境的微生物平衡，以致有害细菌大量生存和繁殖。适度接触病菌会让人产生抵抗力，过分追求干净，反而容易生病。事实证明，许多有洁癖的人易患口腔溃疡、腹泻、感冒、咽炎等疾病。

社会关系中也存在洁癖，如城里人看不起乡下人，大城市的人看不起外地人……其实这都是非常浅薄而可笑的，那些从小到大在父母的过分呵护下长大的孩子，以及那些在人际交往中自命清高的人，对社会的免疫能力也是很差的。

那么，对于已经有洁癖的人来说，有什么方法可以治疗呢？

（1）系统脱敏法。我们可以把自己讨厌的东西和场景以及经常做的事情，从轻度到重度写出来，然后每天从最容易的事情入手控制自己的行为，如逐渐地减少洗手的次数和时间。

（2）厌恶疗法。这种方法经常采用橡皮圈方法，即让患者在手腕上戴一橡皮圈，一旦即将出现强迫动作或行为时，便让他用橡皮圈弹自己的手腕数十乃至数百下，一直弹到强迫观念消失，有疼痛感为止，从而达到抑制强迫行为的目的。

（3）满灌疗法。心理医生让洁癖者坐在房间内，闭上双眼，然后在患者手上涂各种液体，如清水、墨水、米汤、油、染料等，心理医生尽力用言语形容手已很脏了，但是，洁癖者要尽量忍耐，直到不能忍耐时睁开眼睛看到底有多脏。心理医生在涂液体时应随机使用透明液体和不透明液体，这样，当患者睁开眼时，会发现手并不像自己想象的那么脏，这对患者是一个冲击，说明“脏”多来自自己的意念，与实际情况并不相符。满灌疗法在刚开始进行时患者会高度焦虑，但随着治疗的不断深入，患者的焦虑会逐渐消退，其强迫行为也会得到治疗。

脑子里的“秘密的阴谋团体”

为什么有些人会老觉得周围的人在跟踪监视他，甚至每天担心被打击、被陷害；看到电视里的剧情，就往自己身上套；看到马路上别人在谈话，就觉得是在议论他自己？其实这些都是妄想症的表现。妄想症是一种精神病学诊断，指“抱有一个或多个非怪诞性的妄想，同时不存在任何其他精神病症状”。

某大学刑侦系学生齐某，总觉得周围的人都很古怪神秘，即使是熟悉的人也觉得很陌生。他还常常感到心烦意乱，人多的时候觉得烦躁，一个人的时候又觉得孤寂。他常常怀疑自己的神经出了毛病，担心自己会发疯。

在和心理医师交谈中，齐某告诉医师，高中二年级时，他读了美国医学惊险小说家罗宾科克的《昏迷》和《发烧》，之后便怀疑自己脑子里也长了肿瘤，好长一段时间终日忐忑不安，总怕自己得了绝症。有一次他的妈妈不在家，哥哥临时做了一顿饭，吃饭时，齐某突然产生疑心——这饭里会不会放了毒药？那以后，他有好长一段时间不思饮食、夜不安枕，总是抑郁不安，对什么事情都提不起兴趣。

读高三时，有一次回家收高粱，他心里突然冒出一个奇怪而可怕的念头，觉得镰刀割的不是高粱，而是一颗颗人头。他就改用手捋，可总觉得是把一个个小孩的头掐了下来，当时吓得浑身冷汗，后来每次想起这件事，他仍觉得心惊胆战。

现在，他整天被一些谋杀、陷害的念头困扰，看见挂着的衣服，就仿佛看见有人上吊了，看见水果刀，脖子就一阵发凉……他对未来失去了信心，缺乏足够的勇气去面对现实和迎接未来的生活。

案例中齐某的症状表现复杂多样，如有明显的疑病倾向，对刀状物的极端恐怖，神经衰弱、抑郁焦虑、幻觉、妄想、强迫症状等。在充分了解齐某的心理特征和成长过程后，心理医生采用卡格尔16种人格因素及明尼苏达多相人格测验分析，最终诊断为妄想性障碍。

其妄想性障碍主要表现为疑病和怀疑他人会伤害自己，例如，怀疑自己长脑瘤，怀疑哥哥做饭放毒药，看到某种刀状物就反复联想到可怕的情景等。

那么，这些症状是怎么产生的呢，其中存在怎样的心理机制？通常，当外在情境改变时，有妄想症的人会一再反刍其可能的含义及动机，而由于其不信赖与怀疑的心性，他觉得这是对自己不利的讯号，在焦虑不安中，他会将环境中各种细微的、不相干的信息“系统化”，或者以一个“妄想系统”来整合这些信息，而贯穿这个系统的就是自己受迫害的思维。周遭的相关人士被他的这种思维“组织”成一个“秘密的阴谋团体”，但因为这是他思维的虚构，所以通常被称为“伪阴谋团体”。“阴谋团体”的组织会越来越庞大，因为所有被他怀疑的人最后都被他纳入这个团体中，有时候甚至还包括并不存在而纯属想象的人物。他感到大家在联手对付他，自觉处境越来越险恶，遂更加焦虑不安。

具体到齐某这个例子，齐某之所以会产生妄想症，主要是因为齐某性格多疑，过于敏感，这使得他经常会冒出一些古怪的念头。而对于刑侦的爱好，以及平日与刑事案件的接触比较多，又很容易让他产生一些嫁接联想。

知道了妄想症产生的原因以及其心理机制，我们又该通过怎样的方式，来帮助患者走出幻想症的困境呢？以下方法可供参考。

（1）完善个性。这类患者往往具有固执、多疑、敏感、谨慎等性格特点，遇事总是过多地考虑悲观或不幸的一面，缺乏自信，这是发病的主要原因之一。为此，疑病症患者要做到心胸宽广，努力培养乐观情绪，提高生活信心；要走向社会，丰富自己的生活，如养花、钓鱼、下棋、绘画等；还应做一些力所能及的工作和家务活，每天坚持体育锻炼，要多与朋友和亲人交流，培养幽默感，从而战胜消极悲观情绪和不良心理状态，最终治愈疑病症。

（2）消除心理压力，即证明无病。要对心怀疑病观念的患者进行全面、细致的体格检查和必要的化验及仪器检查，根据检查结果表明他（她）并无躯体性疾病，以打消其思想顾虑。

（3）改变其思维方式。让他认识到自己思维方式的错误，即很多疑虑都是自己空想出来的，事实并不存在。

世界那么美好，你竟去虐猫

“你知道我没有任何发泄的渠道，把小猫拿过来养，一方面是因为小猫可爱，我可以摸它……但是另一方面，我觉得如果我愤恨的话，小猫也可以提供一个发泄的渠道……”

他是上海某重点大学研究生，平日里沉默少言的他竟然先后残害了20多只小猫，惨遭毒手的白猫的照片被公布以后，引发了众人的愤怒。

据了解，至少有20只猫咪成了他的出气筒。学校周边有不少流浪猫，一些爱猫的学生捡到后，就在BBS动物版上找领养人。“小秋天”白底黑纹，主人把它送给网友Y君领养。9月，主人买了猫粮想上门探望，结果却被Y君告知，家人瞒着他把“小秋天”放生了。爱猫心切的主人于是在BBS动物版上发帖寻猫。没想到此帖竟引出一惊人消息：好些网友回帖称，也曾将小猫送给网友Y君。仅下半年开始，Y君通过该版至少领养了20只小猫。很快，网友Y君的身份被确认——是该校2003级数学所研究生。

9月29日，为了探求这些小猫的下落，几个网友前往Y君的寝室。那天中午，他和几名同学一起去找Y君。唇枪舌剑了1个多小时，Y君也没解释清楚。当晚，他们又去了Y君家。Y君解释说，养在家里的七八只猫被他父亲放走了，养在他女朋友那儿的四五只也被放走了。

“当时他说忙于联系出国，10月13日，他给了我们一封信。保证在很长的一段时间内将不再养小动物，直到他自己有能力喂养它们为止。”

但是Y君的保证马上被事实戳穿。11月29日，曾参与9月29日猫咪调查的一网友发现，Y君带着一只白猫进入学校北区，5名网友立刻赶到Y君宿舍，结果在他寝室发现了一只右眼流血、脖颈皮破的白猫。猫被关在笼子里，伤口都是新的，而且还在流血。

虐待动物，将动物作为情绪发泄的工具，是社会、媒体一直大力讨伐的现象。Y君的家境相当优越，父亲对他的要求一直很高，而小时候的他从没有让父母失望过，进入大学后发生了不少改变，由于性格本来就比较内向孤僻，与同学们相处一直不是很好。

Y君虐待小猫的残忍行为，究其原因，有以下几个方面。

（1）Y君在以前生活中也遭遇过类似被遗弃的情景，因此会通过不断领养猫、再遗弃猫的手段获得心理补偿。Y君本科时曾因同学未通知他考试时间而导致重修，产生过被大家抛弃的感觉。

（2）Y君学业和生活压力比较重，内心非常封闭孤独，他无法从家庭、朋友处获得需要的温暖，内心的压抑和苦闷情绪无法排遣，于是通过虐待、遗弃猫将压力转移。

（3）Y君的人格存在偏差，通过Y君从事的学科以及爱整洁的习惯来看，他是个非常理性的人，情感世界比较淡漠。在问题发生后，总是将责任归于他人，不认为自己有什么错误，内心极其缺乏安全感。

如何选择合适方式舒缓内心的压力？

（1）参加运动消气中心的解压活动。运动消气中心均有专业教练指导，教人如何通过大喊大叫、扭毛巾、打枕头，捶沙发等发泄方法释放压力，做一种运动量颇大的“减压消气操”。

（2）人们感到工作有压力，是源于他们对工作的责任感。此时他们需要的是鼓励，是打起精神。所以，与其通过放松技巧来克服压力，倒不如激励自己去面对充满压力的情况，例如去看一场恐怖电影。

（3）芳香疗法。精油能通过嗅觉神经，刺激或平复人类大脑边缘系统的神经细胞，对舒缓神经紧张、缓解心理压力很有效果。

（4）饮食疗法。当食物与嘴部皮肤接触时，一方面能够通过皮肤神经将感觉信息传递到大脑中枢，从而产生一种慰藉，使人通过与外界物体的接触而消除内心的压力；另一方面，当嘴部接触食物并咀嚼和吞咽的时候，可以转移人对紧张和焦虑的注意，在大脑摄食中枢产生另外一个兴奋区，从而使紧张兴奋区得到抑制，最终使身心得到放松。

不管用何种方法来缓解内心压力，都不能以其他生命为代价，寻找一种适合自己的减压方式，对于现代都市人来说已经十分必要了。

为什么老觉得自己证件没考完

竞争日趋激烈的现代社会，工作生活节奏高度紧张，压力常使人喘不过气，这些生活状态导致了越来越多的人产生心理疾病，而强迫症便是其中最常见的心理疾病之一。如今，强迫症已经被列为严重影响都市人群生活质量的四大精神障碍之一，成为21世纪精神心理疾病研究的重点。

牛先生是一个银行职员，本科毕业找工作时，因为没有计算机等级证、六级英语证书，被多家单位拒收。从此，他就陷入了“考本”“考证”的旋涡。每次考取一个新证书他都会产生极度的失落感，只有寻找到新的考试对象才能提起精神。家里有一摞证书只在领取时看过，可能这辈子都不会再看第二遍。

牛先生的这种现象是患有轻微的强迫症。从心理学角度看，强迫症是以反复出现强迫观念和强迫动作为基本特征的一种神经症障碍。患者体验到的冲动来自自我，他们能意识到强迫症状是异常的，但又无法摆脱。由于工作压力大，生活节奏快，有越来越多的人怀疑自己患上了强迫症。目前，强迫症发病率约为0.05%，且男性多于女性，脑力劳动者所占比例越来越大。

其实，高压力下的生活，很多人都或多或少存在一定的强迫症。那么，强迫症有哪些常见的症状呢？看看下面这些现象，我们会对强迫症有一个形象的理解。

（1）常常没有必要地检查门窗、煤气、钱物、文件、信件等。

（2）不得不反复好几次做某些事情直到认为自己已经做好了为止。

（3）对自己做的大多数事情都要产生怀疑。

（4）常反复洗手而且洗手的时间很长，超过正常所必需。

（5）有时不得不毫无理由地重复相同的内容、句子或数字好几次。

（6）觉得自己穿衣、脱衣、清洗、走路时要遵循特殊的顺序。

（7）一些不愉快的想法常违背意愿进入头脑，使我不能摆脱。

（8）常常设想由于自己粗心大意或是细小的差错而引起灾难性的后果。

（9）时常无原因地担心自己患了某种疾病。

（10）时常无原因地计数。

（11）有时我有毫无原因地想要破坏某些物品或伤害他人的冲动。

（12）在某些场合，即使当时我生病了，也想暴食一顿。

（13）听到自杀、犯罪或生病的事，会心烦意乱很长时间，很难不去想它。

（14）在某些场合，很害怕失去控制，做出尴尬的事。

（15）经常迟到，因为没有必要地花了很多时间重复做某些事情。

（16）当我看到刀、匕首和其他尖锐物品时，会感到心烦意乱。

（17）为要完全记住一些不重要的事情而困扰。

当上面一条或一条以上的症状持续存在，并且影响了你的正常生活时，说明你可能有强迫症状倾向，最好找心理医生咨询。

那么，到底是什么原因，引发的强迫症呢？

一般认为精神因素为强迫症的主要发病原因。现代人所处的工作环境具有压力大、竞争激烈、淘汰率高的特点。在这种环境下，内心脆弱、急躁、自制能力差、具有偏执型人格或完美主义人格的人很容易产生强迫心理，从而引发强迫症。其中自幼胆小怕事、对自己缺乏信心、遇事谨慎的人在长期的紧张压抑中会感到焦虑恐惧，为缓解焦虑恐惧就会产生诸如反复洗涤、反复检查等强迫症行为。其中完美主义人格者表现得尤为突出，在竞争激烈的环境中，他们会制定一些不切实际的目标，过度强迫自己和周围的人去达到这个目标，但总会在现实与目标的差距中挣扎。

当然，如果强迫行为只是轻微的或暂时性的，比如只是某天精神恍惚、反复检查门锁，不觉得痛苦，也不影响正常生活和工作，就不算病态，也不需要治疗。而如果强迫行为每天出现数次，且干扰了正常工作和生活就可能是患了强迫症，需要及早治疗了。

对于患有强迫症的患者来说，也不要太担忧和消沉。强迫症带给我们生活很多不便，但是，只要患者能勇敢理智地面对它，就能战胜它，回到正常的生活状态。下面这些方法可供借鉴。

首先，任何事情顺其自然，做完就不再想不再评价。特别是完美主义人格者，要学会肯定自己，少与他人攀比，要认识到世界上不存在十全十美的人和事。

其次，尽可能地把时间安排得紧凑，使自己没有时间去实施诸如反复检查门锁等强迫行为。同时，可以选择运动锻炼和户外活动来充实生活，减轻强迫心理的干扰。

再次，对家人和朋友说出心理创伤和紧张恐惧心理，把内心的痛苦发泄出来。比如，上文例子中的牛先生，可以向别人倾诉一下自己的挫败经历，这能有效缓解强迫症状。

最后，对于少数强迫症（病态程度）可以用心理治疗也可以用药物治疗，但应在专科医生指导下进行。

人格分裂，你能承受几层

人为什么会陷入失控的状态？

失控的人，他们只针对某些特定的人有这样的行为。当人们处于失控状态时，实际是失去了对自我的感觉，或是出现了自我分裂的现象。虽然，我们出生的时候感觉、知觉、直觉和思考四种功能一应俱全，为我们的生存和发展提供了必要的信息。但如果不去用它们，汲取经验的能力、对自身与周围世界的理解，就会遭到削弱。

婴儿都能对知觉做出反应，知道自己是湿、冷、饿还是不舒服。他们通过看、听、闻、触摸、品尝来感知周围的世界。他们有感情，会高兴、难过、惊恐，在孩子自己能够明确意识到这一切时，他们的内心体验是真实存在的。

如果没有知觉，我们就不知道是否受伤、生病或疼痛。如同知觉让我们保持健康一样，在没有其他可用信息的情况下，我们依靠直觉引导自身避免危险。

思考，是我们对经历和接收到的信息进行加工，形成抽象的概念。对于其他三种功能传递来的信息，我们通过思考对它们进行归纳整理、分析理解，造就一个与外部世界和谐而精彩的内心世界。许多在这些功能上存在不同程度障碍的人，实际上是受到分裂教育形成的。

杰克3岁时，他的父母，迪克和简，带他到城里给他买冬天的衣服。走走停停了1个小时，时间有点晚了，于是他们急急忙忙地从商店里出来吃饭。杰克有点累，结果一不小心摔倒了，膝盖很痛，他开始大哭了起来。

他的父母急忙拉起他，几乎同时说道："你又没有受伤，哭什么。你就是想引起别人的注意，别浪费时间了，也不怕别人笑话。"这些话影响了杰克的感受，扭曲了事实。这一经历对杰克产生了负面作用，他的内心体验被父母从外在的表象扭曲。

杰克的身体和心理可以从这次的摔伤中痊愈。但如果杰克不断面对这样的遭遇，慢慢地就无法体验自我、认识自我了。

如果我们"接受"别人对自己的定义，就会认为他们的评价更真实。

用别人的观点来认识自我，这种从外在因素认识自我的逆向方式，只能使自我认识更加模糊。行为的差异无法以常人在不同场合，不同角色的不同行为来解释，好像是完全不同的人，每个人格有其个别的姓名、记忆、特质及行为方式。通常原来的人格并不知晓另一个人格的存在，而新出现的人格则对原来的人格相当的了解。新人格的特质通常与原人格特质相当不同，如原人格是害羞、压抑的，新人格就是开放、外向的。

即使我们的父母真正了解我们的内心世界，其他因素也会影响我们，使我们与自我分裂。我们会发现自己不由自主地失控。

除了被迫自我分裂、主动自我分裂，以及因为疾病和意外带来的精神上的伤害，我们还会因为创伤丧失自我认识。当感觉和知觉处于极度痛苦时，我们会失去认知能力，这样的情况会自发的产生。只要是难以忍受的事情，都会给我们的情感带来巨大伤害，而这样的事情无处不在。

情感上的冲击，是一种精神上的打击，超出了我们的承受能力。我们只能记得事情的零碎片段，在其情感、态度、知觉和行为等方面是非常不同的，不时甚至一直处于剧烈的对立面。在主体人格是积极的、友好的、顺应社会的和有规律可循的地方，后继人格可能是消极的、攻击的、逆社会的和杂乱无章的。

那些受到反向定义的人，是由别人来告诉他什么是他所需要的，他的感受应该是怎样的等等，他并不清楚自己的真正感受。他们通常不相信自己的感觉，也把握不了自己的经历有什么意义，他们与自我在某种程度上存在着分裂现象。

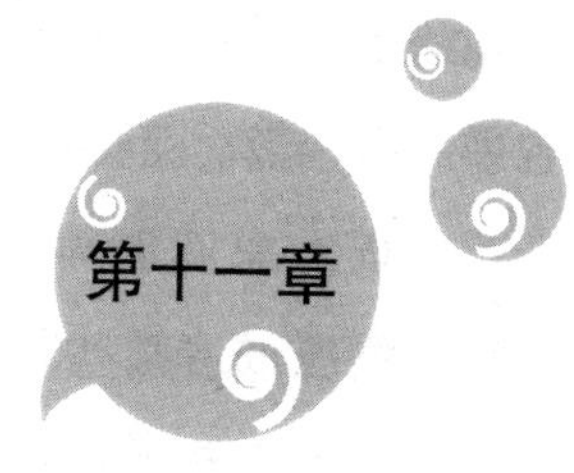

天黑请闭眼——“恐惧症”来袭

恐惧：脑子里的怪东西

你想知道如何化恐惧为力量，全面发掘个人潜能，取得预想不到的效果吗？

前世界重量级拳击冠军乔·伯格纳曾两次与拳王阿里较量。在这两次比赛中，他都坚持到了最后。阿里曾为伯格纳指点迷津，伯格纳一直记着这位伟大拳王的话：“任何走上拳击场的人，如果丝毫不感到恐惧，那他一定是个傻子。道理很简单，他们对这项运动根本毫不了解。因为没有恐惧，就没有对抗力，也就没有准确的判断力、敏捷的反应和凌厉的战术来避险制胜。”

我们都会感到恐惧，只有懂得如何利用恐惧的人，才能把恐惧化为己用，变成有用的武器。

恐惧专家指专门从事与恐惧紧密相关的工作，在工作中常常需要暴露在可怕的环境中，但是他们不会感到恐惧，而且表示自己会敞开胸怀欢迎恐惧。他们并不把感到恐惧当作一种软弱的行为，而

是把恐惧当作一笔财富，利用恐惧来锻炼自己的勇气，从平庸者中脱颖而出，最后获得成功。

恐惧专家们深知，人们唯一能做的就是，学会与恐惧共存。在某些情况或者某些领域，你也许可以控制恐惧，一个人害怕的东西，另一个人并不一定就会害怕。但是，在其他情况或其他领域，恐惧可能以其他的形式出现。很多人会以为所有情况都一样，误以为我们靠自己的力量绝不可能控制恐惧。

恐惧在社交、经济、学业、事业、家庭生活、工作甚至娱乐中深深影响着我们，摆脱不了。要么学着与恐惧成为朋友，要么沦落为恐惧的奴隶。大多时候，我们并不是被恐惧打败的，是被自己打败的，因为并没有深入了解恐惧。可悲的是，大多数人只想彻底消除恐惧，殊不知对恐惧的厌恶只会使你变成恐惧的奴隶，受其控制。当你被恐惧控制了，就几乎不可能扭转受控的局面，只能任其摆布。人类的很多情绪状态，如恐惧，不是全凭意志力就可以抑制的，除了试图用意志力来抑制恐惧，最糟糕的处理恐惧的错误方法，就是把你的恐惧与他人的恐惧相比较，这只会使你走上歧途，导致失败。

恐惧专家已经学会把恐惧看成是专为他们而设的动力，我们也要学会把恐惧当成一笔财富，完完全全接受恐惧就是力量这个看法，就可以发掘这个秘诀的非凡能量。把恐惧看作力量，最重要的是要记住，你可以选择如何看待恐惧。在你遇到强大的挑战时，恐惧就会产生，它能增强你的力量，提高你的警惕意识，从而保护你。

社会总教导我们，恐惧是可怕的。我们也总把恐惧看作障碍和软弱的标志，而不是强大的保护者，为此我们痛苦地向他人隐藏我们的恐惧，同时也对自己隐藏了自己的恐惧。可是，只有拥抱恐惧，驾驭恐惧，揭开恐惧的面具，才能真正成长。

每向恐惧靠近一步，就离恐惧之源更近了。记住，恐惧是有原因的，要诚实地面对恐惧，勇敢地迈出第一步。

恐惧，无处不在

恐惧症是指患者对特定对象有某种强烈的恐惧、不安、逃避情绪的心理症状。有些恐惧对象可以理解，有些却是常人无法理解的，比如，鸡蛋、花，等等。而在日常生活中，常见的恐惧有以下几种。

1. 广场恐惧症

个体害怕开阔的空间，害怕待在那些不便逃离的地方或处于你感到惊恐时无人援助的情境，在这些地方发生事故时逃跑很困难而且极易使人陷入惊恐的难堪中。害怕遭遇难堪是一个主要因素。大多数广场恐惧症患者不仅害怕惊恐发作，也害怕其他人看到自己惊恐时的样子。

远离家庭或者“安全的人”不在身边时会感到焦虑，经过一段时间，才能意识到在远离家庭的幽闭环境或独处时更容易产生焦虑。广场恐惧症是遗传因素和环境共同作用的结果，影响我们生活的方方面面，社会各阶层的人们都无法摆脱。

2. 社交恐惧症

担心在众目睽睽下出丑或遭到羞辱，担心自己的所作所为会让别人觉得你有精神问题，会被认为是傻子或是疯子。最常见的社交恐惧症就是对公众演讲的恐惧。实际上，这也是所有恐惧中最常见的，演员、演讲者、需要当众做报告的职业人、在课堂上演讲的学生，各行各业的人们都会受其影响。相当比例的人们受到了公众演讲恐惧的影响，并且没有性别差异，它在男性和女性中同样普遍。

有时，社交恐惧症并不易分辨，当你感觉自己在集体中成为焦点并受到评价时，就会产生一种恐惧感，只有当你的回避行为干扰了你的工作、社交或其他重要关系，或给你造成巨大的压力的时候，才会被诊断为社交恐惧症，并在童年晚期或青春期就会出现，恐惧症会持续整个青春期甚至成人早期，但随着年龄增长有减缓趋势。最近的研究表明，4%～5%的美国人受到社交恐惧症的困扰，在男性群体中比在女性中更为普遍。

3. 特定性恐惧症

特定性恐惧症通常是对某种事物或情境感到强烈恐惧，从而尽量回避而不去面对。特定恐惧和回避太过强烈，以致打乱你的行程、工作和人际关系等，把你的生活搞得一团糟，给你带来巨大的压力。

下面是最常见的几类特定性恐惧症。

（1）动物恐惧症：包括对蛇、蝙蝠、老鼠、蜘蛛、蜜蜂、狗等动物的害怕和回避。这些恐惧经常是童年就存在，不过那时的恐惧被认为是正常的。只有当恐惧持续到成年，并干扰了你的生活，对你造成压力时，才被认为是特定性恐惧症。

（2）恐高症：如果你有恐高症，当你站在建筑物的高层或山顶时会感到害怕。

（3）电梯恐惧症：这种恐惧症是因为你害怕电梯电路出故障、电梯坠毁或自己被困在电梯里。

（4）飞机恐惧症：你担心飞机会坠毁，或者担心机舱减压以致缺氧窒息，从而产生了飞机恐惧症。

（5）强迫症：不管是工作还是家庭中，一些人天生就比别人更喜欢整洁干净、井井有条，但如果这些特质发展到了一个极端，就会变成强迫症，从而干扰你的生活。强迫症患者会花更多的时间进行收拾打扫、检查安排，并占用了从事其他活动的时间。

强迫性观念是一些毫无意义但总盘旋在你脑中的念头、意想或冲动，你也知道这些想法很荒唐，也试着去克制它们，但它们就是成天甚至几周或更长时间地盘踞在你的脑海中，这些念头或意想并不只是对现实生活中遇到麻烦的过分焦虑，是对现实中根本不存在事情的焦虑。

强迫性行为是你为了消除由强迫性观念引起的焦虑而表现出的行为，并知道某些行为是不合情理的，但觉得只有这样做才能打消内心焦虑，其核心一般是害怕伤害自己心爱的人。我们应该认识到一点，强迫症行为虽然看起来不可理喻，但绝非“精神失常”。治疗各类都市病，都必须与配偶或家庭成员相配合，及时发现问题，减少各种焦虑。

黑色的“星期一综合征”

网络上，常常有白领调侃说“周一去上班的心情比上坟还沉重”。确实，星期一的办公室看起来总是死气沉沉的，大家好像整体都生病了，工作没有激情、说话有气无力、脸色苍白无力，怪不得有人把星期一称为“黑色星期一”。

为什么出现这种情况呢？按理说，周末得到了充分的休息，星期一工作起来应该更有精神才对啊！其实，这些人都患上了“星期一综合征”。“星期一综合征”的发生机理可以用巴甫洛夫学说的“动力定型”来解释，就是旧的动力定型已被破坏、新的动力定型尚未建立时出现的混乱。具体地讲，双休日这两天，上班族把先前建立起来的工作动力定型打破了，等到星期一需要重新全身心地投入工作时，已经破坏的动力定型还没有恢复，人们在找回原来的工作模式时产生了一些不适应，这就是“星期一综合征”。

下面这些问题可以帮你测试是否存在“星期一综合征”：

（1）星期天晚上老是做噩梦，早晨醒来后全身没有力气，好像生物钟被打乱了。

（2）星期一早上不是睡过头，就是想赖在被窝里，一直不肯起来。

（3）星期一的情绪总是特别低落。

（4）一到星期一情绪就变得暴躁易怒，工作不能集中精力，平常让自己感觉快乐的事情，现在也觉得一点意思也没有。

（5）每次星期一开会的时候，自己都在朦朦胧胧中度过。

（6）勉强走进办公室，却坐在办公桌前发愣。

（7）勉强提起精神开始工作，却一直浏览网页新闻、发电子邮件，或者上网和朋友聊天。

认真阅读以上问题，你的答案中，选择“是”的数量越多，说明你的“忧郁度”越高，而超过4个的话，你很可能就患上“星期一综合征”了。

“星期一综合征”在上班族中是非常普遍的。

白小姐是一家广告公司的策划经理，工作表现非常出色。可是每到星期一的早晨，一种懒懒的感觉就从她心底爬上来，她对自己说：“没有朝气，没有活力，没有激情，以这样的心态怎样开始一周的工作？”

在图书大厦当保安的李先生说：“每到星期一上班的时候，走进大厦的人总是匆匆忙忙的，精神状态明显不如其他几天。”

广告公司的经理胡先生说：“星期一公司迟到人数明显增多，上班时，有些员工的思想也不是很集中。”

“星期一综合征”给上班族的工作和生活都带来了严重的影响，如果感觉星期一过得很不舒服，我们需要采用适当的自我放松法。

首先，选一个最舒服的姿势坐在椅子或沙发上，不要刻意用劲，不要想任何事情，让大脑处于空白状态，把休息的意念传达到全身的各个部位，并假设自己身体的各个部位都会做出相应的反应：脚尖放松，然后慢慢由下至上放松至全身每个部位。其次，做呼吸训练。把自己的注意力集中于肚脐，同时，慢慢地将肚脐向背部贴近，然后呼气。充分呼气之后，慢慢地自然吸气，再一边将肚脐向背部靠近一边慢慢吐气……呼吸的时候要缓慢、平静，并且在呼吸的过程中，心中要不断默念“好舒服”“真悠闲”。

不过，我们还是应该从以下方面来预防“星期一综合征”的发生。

1. 周末不要太兴奋

周末这一天不要过得太兴奋，否则，星期一工作的时候，你还留恋周末的愉快生活，没有办法全身心地投入工作。如果周末的结尾不是太有趣的话，那么你会仍然处于一种饥渴的兴奋状态，星期一工作的时候你依然会充满激情。

2. 周末的活动，凡事要适度

在休息日中要以休息为主，其他活动，像做家务、出去游玩、探亲访友、家人团聚等可以比平时适当增加但要掌握尺度，这样原先工作的动力定型就不至于被破坏得太严重，星期一重新建立或恢复时就比较容易。

3. 提前进入工作状态

周末娱乐要掌握分寸，最好在周末晚上的时候先在脑子里制订一个下周工作计划，找到工作中的兴奋点，工作安排要松紧适度，有张有弛，一切做到心中有数，这样，星期一工作时就不会茫然失措。

4. 尽量去想让你高兴的事

星期一早上起来后尽量多去想想这一周内有可能让你开心的事，比如说同事聚餐、过几天要发工资、你可能会升职等，这可以让你星期一的心情好很多。

歇斯底里的“周末综合征”

周末对白领一族来说，通常都是翘首以盼的假期，但是有些人却患上了“周末综合征”。紧张忙碌地工作了一个星期，好不容易盼来一个星期天，本来以为自己会开开心心的，可以好好地去玩一下，结果真到周末了反而感到无所适从，不知道该干什么，一天的日子似乎走不到尽头，心里不禁感慨：好漫长的一天啊！有时甚至会烦躁不安，乱发脾气，有时为了熬过这一天就干脆蒙头大睡，不吃也不喝，晚上躺在床上，想想周末，觉得过得真没意思，还不如上班呢！这些奇怪的人到底是怎么回事呢?

这是由于从周一到周五，他们一直处于一种高度紧张的工作状态，过着快节奏的生活，大脑中已经形成了一套高度紧张的思维和运作模式，到了周末之后，面对着富余的空闲时间，过度的自由空间，似乎做什么都可以，什么都不做也可以，那种绝对的放松反而使过惯了紧张生活的上班族难以适应，从而产生了一些不良反应，比如烦躁、无精打采等。

测一测你有“周末综合征”吗？

（1）你是否一到周末就躺在家里睡懒觉，一睡就是一整天，不吃不喝？

（2）你是否一到周末就觉得无所适从，不知所措？

（3）你是否一到周末就感到情绪低落、孤独，感到比上班还累？

（4）你是否一到周末就整天整夜地上网，或者大吃大喝？

（5）你是否经常在周末感冒、头疼、失眠？

认真阅读以上问题，假如你的答案中，选择“是”的数量超过2个，那么，你很可能已经患上了所谓的“周末综合征”。

对那些辛苦忙碌了一周的上班族而言，周末本来应该成为放松心情和享受生活的大好机会，可患有“周末综合征”的人正好相反，周末不是他们的放松日，而是他们的灾难日，他们每到周末就情绪低落、郁郁寡欢、焦虑不安，不知道自己应该做点什么，什么事情也不愿意干，一切都觉得没意思，孤独、忧郁、失眠、头疼，各种生理和心理上的不良反应都产生了，结果周末过得比上班还累、还苦。

明明大学毕业后独自一人来到北京闯荡，她在出版公司做编辑，为了在公司里站稳脚跟，她拼命地工作，几乎成了一个工作狂。通过她的辛苦努力，她终于如愿以偿，年纪轻轻就坐上了主编的位子。可是，最近她常常感到很烦恼，因为她发现自己害怕周末，一到周末别人都开开心心的，只有她无所适从，不知所措。她似乎习惯了工作期间那种忙碌紧张的生活，周末清闲下来，她反而很不适应。为了宣泄心里的郁闷，周末她常常疯狂购物，可是当她拎着大包小包的战利品回到家里时，刚产生的愉悦又变成了失落。为了逃避这难熬的周末，她常常整日整夜都上网和从未谋面的网友们聊天，困了就喝很浓的咖啡。有时实在无聊，她就躺在家里睡懒觉，一睡就是一整天，不吃也不喝。

那么，哪些人比较容易患“周末综合征”呢？有一种类似“工作狂”的人，别人都盼着过周末，让自己好好休息一下，可是他们正好相反，他们害怕休息，更愿意不停地工作，所以一到周末就会焦虑不安；此外有些人不懂得合理安排自己的周末生活，每到周末就安排许多的活动，到处应酬，让自己非常疲惫，长期下去，也容易患上“周末综合征”。另外，目前还没有结婚、周末比较清闲，而平时工作又非常紧张的年轻人也容易患上“周末综合征”。平时沉重的工作压力使得他们需要一种“歇斯底里”般的发泄方式，可是在现实中，由于各种因素的制约，他们又很难找到这样的机会，这样的矛盾促成了他们心理上的苦闷。最后，长时间两地分居的夫妻也容易患上“周末综合征”，特别是看到别人家庭团聚、夫妻恩爱的时候，心里就会不由自主地焦虑不安、伤心难过。

“周末综合征”给上班族的身心都带来了严重的危害，所以需要适当采取一些减压的方法来预防这种情况的发生，多参加一些社交活动、适当的运动娱乐、专业的音乐治疗等都是可以考虑的方式。

“见黑死”的开灯睡眠癖

生活中，我们常常看到一些婴儿在夜晚时因害怕而啼哭，只有开灯的时候，他们才会甜甜地睡去。其实，这种害怕黑暗的情形不仅仅发生在婴儿身上，许多成人也有同样的问题，他们在夜间将房间布置得灯火通明，然后才能安心地睡去。这种不良习惯在心理学上被称为“开灯睡眠癖”。

开灯睡眠癖的确切定义是在夜晚睡觉时必须开灯，且在睡眠状态下也不能熄灯，从而造成对灯光的依赖。

开灯睡眠癖是一种不良习惯，其病理实质上是对黑暗的恐惧。这种对黑暗的恐惧大半是从幼年期开始的。因为在幼年期，儿童的好奇心很强，喜欢听有关鬼神的故事。这类故事的背景、内容及人物的出现又常常是在晚间或平常人所看不到的黑暗中，以显示生动性和神秘性。久而久之，他们便将对妖魔鬼怪的恐惧与黑暗联系在一起，形成了对灯光的依赖，导致不敢关灯睡觉。这是开灯睡眠的一个主要原因。其次，在某一黑暗的情境中意外遭遇可怕的事情，或在黑夜做了一个噩梦，这些令人恐怖的经历未能及时排遣，也可能造成对黑暗的恐惧。

有位21岁的男大学生，夜间无论何时都不敢走进屋内的地下室。白天他无所谓，但一到晚上就控制不住，后来发展到不敢关灯睡眠，即使跟别人同住一室也要开灯。一关灯，他就吓得哇哇大叫，闹得室友莫名其妙。

一次，父亲强迫他去地下室，他竟昏倒在石阶上。直到看过心理医生才知道，原来在幼年时，他有一次在邻居家听小朋友讲了一个有关鬼怪的故事，描写一位巨人，专吃10岁以下男孩的心，喝他们的血，挖他们的眼。听完故事后他满怀恐惧蹒跚归家。当时天色已黑，只有些许星光，虽然离家很近，但是有一条荒僻山道，正在这时，他突然发现一个巨人向他走来，顿时两腿发软，昏倒在地。

实际上，他遇见的是一个农民，由城内归来，背着箩筐在黑暗中显得特别巨大。加上这位农民喝了几杯酒，步履踉跄，看起来更像一个张牙舞爪的巨人。他的昏倒并未惊动这位农民，在地上昏睡了足足半个小时后，才被家人发现抱回家。从此以后，他就对黑暗产生了极大的恐惧，导致以后夜晚不敢关灯睡觉。

后来，他又听说某家住宅的地下室，一对男女做了丑事，被人发现，结果女的羞愤自杀。不道德的行为和罪恶的感觉以及黑暗与地下室连在一起，使他对黑暗产生了更大的恐惧。

其实，这样的习惯和黑暗本身没有太大的关系，而是和黑暗里隐藏和蕴含的意义有关系，黑暗给自己带来的消极感受和不良刺激才是不敢关灯睡觉的根本原因。那么，应该如何矫治这种严重的心理问题呢？

（1）可采用认知领悟疗法。对有此习惯者进行辩证唯物主义和无神论的教育，说明鬼怪并不存在，告知其由于对鬼怪的惧怕而产生的对黑暗的恐惧是幼年时期的一种幼稚情绪反映，使其从认识上减轻对黑暗的恐惧。如上例，应向那个大学生说明那天晚上他所碰到的并非巨人，而是活生生的农民，在说明教育之后重演那天晚上的一幕，从认知上、潜意识里消除恐惧。

（2）可采用系统脱敏疗法。根据其对黑暗的恐惧程度，建立一个恐怖等级表，然后按照从轻到重的顺序，依次进行系统脱敏训练，不断强化，直到能关灯睡眠为止。例如，对案例中的大学生，先由数人一起关灯谈话，到数人一起关灯静坐，再到两人一起关灯睡眠，再到一人关灯静坐，最后一人关灯睡眠，从而彻底化解这种心理障碍。

花圈:“局部恐惧”的替代物

我们每个人都有自己喜欢的东西，也有自己害怕的东西。害怕的东西或者是人，或者是动物，或者是某种环境，就好像有人怕猫，有人怕火，有人怕尖锐的东西，这些现象一般来说都可以理解。但是，当一个护士惧怕花圈的时候，就应当思考，在她身上到底发生了什么事情?

护士小芸今年27岁，平日工作积极，待人和善，领导和同事对她的评价都很不错，但最近她感到恐惧，甚至不敢出门。究其原因，竟然是她害怕看见花圈。她说只要一见到花圈，自己就觉得头晕眼花，接着便全身冒汗，心跳加快，肌肉紧张。发展到后来，甚至听到哀乐或别人提到“花圈”二字，她都会胆战心惊。

原来，在三年前的某个晚上，她从梦中惊醒，因为她在梦中似乎看见墙上挂有许多凭吊死人的大花圈，她害怕地大叫。小芸的丈夫忙开灯，可墙上什么也没有。一关灯，小芸觉得花圈又出现了。后来，丈夫发现她所说的花圈原来是窗外树枝在墙壁上的投影。虽然她也相信是树枝的投影，但从此就对花圈产生了莫名其妙的恐惧，见到花圈便紧张不安。

其实，每个人都有过恐惧的经历，但并非都像小芸那样强烈，就好像如果一个人面对歹徒的匕首，双腿打战，甚至屁滚尿流，这是合理的恐惧；但如果他走在大街上，因害怕旁边的高楼突然坍塌将他压死，而吓得寸步难行，就有点不正常了。

心理学上将这种症状称为恐惧症，又叫恐怖症，通常是指对特定的事物或所处情境的一种无理性的、不适当的恐惧感。其实，所害怕的物体或处境当时并无真正危险，但患者仍然极力回避所害怕的物体或处境。

其实，这样的恐惧并不是单纯的，或许从中我们可以发现一些更深一层的心理因素。就像护士小芸的故事其实还有一个前奏，即源于噩梦之前她对一个病人的特护工作。病人患的是晚期肝癌，常年卧床让他极度烦躁，经常呵斥护士，因而护士们在背后颇有微词，甚至当面暗讽那位病人。可是，小芸却因为怕惹事选择沉默地忍耐下来。后来病人因为抢救无效而去世。事后，死者家属以死者所在单位的名义向医院反映了护士的有关情况。医院领导在大会上严厉批评了特护的几位护士，却突出表扬了她，号召大家向她学习。于是，她觉得自己一下子被置于与大家对立的位置上了，因而十分紧张。但她一直克制着自己内心的紧张和焦虑，所以在别人眼里，她并没有什么异常。这种状态持续一段时间后，就出现了故事中的情况。

根据精神分析学派的观点，恐惧症是由于当事者压制潜意识里的本能冲动导致的，而转移作用和回避作用是两种常见的压制冲动的方法。

小芸就是如此，在护理那位癌症患者的过程中，她产生了厌烦的情绪，但一直没有表露出来。在患者死后，她觉得终于解脱了，但内心又隐约为自己曾经的厌烦情绪感到内疚。同时，领导的表扬又让她觉得自己被同事疏远了，于是心生不安，不过外在依然保持镇定。在持续的压抑之下，这些因为患者之死带来的复杂情绪：厌烦、内疚、焦虑不安……终于转化为对花圈——情绪具象化——的恐惧。很显然，花圈代表整件事情，在这里，“整体恐惧”被缩小为“局部恐惧”，小芸只是在潜意识里选择了花圈这一替代物。

恐惧症的心理治疗应该先由医生向有此症状者系统讲解该病的医学知识，使患者对该病有充分的了解，从而分析自己起病的原因，并寻求对策，消除疑惧心理。患者要适时地减轻焦虑和烦恼，打破恐惧的恶性循环，同时要主动配合医生的药物或者心理治疗。进行药物治疗时，为了控制紧张、焦虑或惊恐发作，可以选用丙咪嗪或阿普唑仑，这些药物具有良好的镇静作用。行为疗法可以选用暴露疗法，也可以酌情选用冲击疗法。而从心理治疗方面来说，通常可以使用集体心理治疗、小组心理治疗、个别心理治疗等。

我是上帝——灵性的修养

我们的本来面目

我们到底是谁？来自哪里？本来面目又是什么？这些问题一直困扰着我们，即使不断追寻，也很难找到答案，如何回到本性去探寻自我、认识自我，成为现代人苦苦探究的目的。

藏传佛教大师指导学生内观，看看是谁或什么东西在“观”。泰国高僧阿姜曼告诉他的学生们，要仿佛从前额中央的“第三只眼”，来观看所有的经验。在每次实修中，我们转向意识并安住于意识本身。

在电影院里，不管放映的是爱情剧、冒险剧，喜剧还是悲剧，当我们要转头去寻找那影像的源头就会发现，整部戏是由一束光线投射到屏幕上而产生的。在电影中，清晰而闪耀的光呈现各种各样的颜色，但其本质是纯粹不变的。

某些时候，比如电影放映的间隙，节奏有点慢，甚至令人厌烦。我们可能在座位上转动，注意到周围的人吃爆米花，此刻才猛然记得自己是在电影院。以同样的方式，我们可以看到自己念头的间隙，以及整个自我意识的间隙。我们大部分时候极易沉浸眼前的念头和问题中，迷失自我，我们的理智不断上演有关自我的戏剧，在灵光闪现的瞬间我们感受到周遭经验中有空灵的间隙，大脑就会呈现澄明状态。

我们并不要求特别的冥想环境或像濒死经验。或许学校某个男孩突然注意到一束阳光照亮了灰尘，他已不再是费力学数学的五年级学生。当他感觉到历历在目的神秘性时，将会心一笑，他的整幢大厦和小学生的故事都被封存在静止自由的觉性大海中。或许某个走在大街上的妇女，思念着一个遥远的朋友，有一刻，她忘记了自己的差事，感受永恒以及生命的微妙。在争论时，我们停止，发笑，放下和沉默，这些灵光闪烁的时刻都提供了自由的滋味。

正如我们所看到的，开始观照是“谁在觉知”时，我们可能会像寻找水的鱼一样感到困惑。我们发现，没有什么是坚实的，没有人在感知。这是一个美妙的发现。觉知是无色相的。它非有非无，不来不去。而是只有一个清晰的“知”空间，意识的虚空，它是空无的，同时又是知的。当你拿着这本书，意识在读文字，并思索意识的本质，学会信任它。它是没有限制的意识，能反映一切，但又不被影响。

要逐渐培养出区分生命事件经验和“知”之意识的能力。你要学会安住于这个“知”，保持沉着，在任何情况中，纵使困难或困惑，也要安下心来。这个安住完全不同于你在孩童时就知道的病态的疏离。你年幼时出于恐惧，分裂经验，通过作为旁观者的微妙距离保护自己。当我们真正安住于觉知时，我们的经验是开放亲切的，不设防的。有了它，慈悲心会生起，我们会觉知到心与生命的自然联系。

禅修者玛丽亚是当地医院急诊室的护士。关于她如何学会使用安住于觉知的艺术，她是这样描述的：“有时候不太忙，而我的心漫游在纷纷妄念里，这时我可以自己找工作做，比如检查病人或做书面工作。有时，我们可能会碰到一大批意外事故、心脏病发作、哮喘的患者。我做我的工作，但也觉知整个事发状况。我学会了开放觉知。那情形好像我的心变得宽阔而寂静，专注当下感知所感而同时又不执着于它。我想，这就像是运动员说的流畅状态。我在工作当中，做一切正确的事情，但某部分的我，只是看着这一切，保持沉默。

“这些日子里，这个情况出现较多，不仅仅出现在工作中。当我禅坐时，这种觉知变得更强烈。我与儿子有过一次大吵，当时，我能感觉到身体紧绷，还有自认为看法是多么正确。只要感觉，我放松下来，转移到意识虚空中，事情就开阔了。那时我是在说不，但还能感受到‘不’背后潜藏的那股强大的爱，感受到这些只是我们的角色，我们必须演好角色，但这背后是无尽的虚空，一切都是圆满的。”

当我们学会安住于觉知，关注和寂静就会同时出现。它会聆听下一步的事，也会觉知整个事发状况，这里面有宽阔的虚空，以及万物相互联结的爱。当其中有足够空间时，整个生命可以既领会这个情势又感到自在。我们看到了生命的舞蹈，悠游于美妙的旋律中，但不执着于它。在任何情况下，我们可以接纳，放松身心，并返回到意识的空性。

“行尸走肉”与“非存在”

存在主义哲学家、文学家保罗·萨特曾写过一篇叫作《恶心》的小说，其中详细而逼真地描写了“我”的人格丢失的感觉。书中的“我”已丧失了独立存在的人格，而被其“替身”替代，连呼吸、写字等都不再属于自己，而是为了那位“替身”存在，“我”由此陷入了深深的苦恼中。显然，在萨特的笔下，这种人格解体（萨特称为“非存在”）是一种痛苦的心理经历。这种短暂的人格解体并不形成人格解体障碍，只有当人格解体的严重程度和持久程度足以扰乱个人的生活时，才能诊断某人患了人格解体障碍。

人格解体障碍和分离性漫游症一样，都涉及个人身份的分裂。只是人格解体障碍不会伴随遗忘。这种障碍的核心特征是人格解体，即会对自己产生陌生感或不现实感。人格解体常包括情绪反应下降，对他人及世界丧失兴趣，同时包括注意力、短时记忆和空间推理的缺乏，还有生理反应的迟缓，如心率减慢。

大约10年前，一个高中女生，在一次被雨淋过后就变得晕晕乎乎的，常感觉像做梦一样，有时说了话，却不像自己说的。人变呆板了，像个木头人，头脑反应不灵活，感到与外界疏远了，但她仍能坚持上学。初中毕业时，她以第一名的成绩考入其所在县的一所重点高中。高中3年里，这些症状变得更加严重，她感觉头脑变空，体力、脑力已耗尽，记忆力减退，思考能力下降，有时大脑像短路一样，左脑无用，右脑好用。她为此焦虑、紧张不安，之后仍感身体不适，全身气血不通，脸变得很难看，像个僵尸，喜欢整天戴墨镜。

据说，一半以上的成人至少都有过一次人格解体的经历，这是一种非常离奇的、令人不快和极度不安的感觉，人觉得自己不真实，与自我脱离，好像身在局外，观察自己的生活一样。

认知心理学认为，人格解体和现实感丧失形成了再认识记忆的失败，患者无法将现在的体验和过去的体验联系起来，就像是偶

然走进一个以前熟悉但已经重新装修过的房子。主要特征就是感觉自己很奇特或不真实，觉得他们好像从自己的身体中游离出来，正在从远处或上方看着自己；或者感觉自己就像生活在梦里一样不真实。奇特的感觉通常是对自己身体或精神而言的，比如说觉得自己四肢变大了或缩小了，或者自己举止很机械，或者自己就像死了一样，或者自己像被束缚在其他人的身体里。

生活中人们也会出现短暂的人格解体，如当人们从梦中醒来时，当人们受到严重的惊吓时，或者当人们很累、进行沉思时，都会出现短暂的人格解体。尤其是那些爱幻想的诗人、小说家，更是常常“如坠雾中”。

人格解体的治疗有一定困难，支持性心理治疗是必要的，医生应向患者解释此病属功能性障碍，不会产生严重后果，以减轻患者的紧张。

对此类患者进行治疗时，要先创造一个适合休养治疗的环境，暂时不要与外界有过多的接触。同时，患者要保持内心的平衡，不要让自己总是处于恐惧和焦躁的情绪之中，并进行自我审视，回忆引起这种病症的原因，尽量让自己的大脑保持清醒。然后，患者可以准备一面镜子，和镜中的自己交谈，说一些有关自己的事情，并观察现实中的自己和大脑“虚拟”出来的自己，进行分辨。最后，当患者慢慢将“我”拉回到现实中后，就可以做一些有计划性的事情，让自己更有存在感。

心好累，感觉不会再爱了

很多年轻人总是喜欢用“心好累，感觉不会再爱了”来表示即使再好的事情发生在自己身上，也不会觉得幸福。

这自然是因为他们过去可能有过不幸的经历，但是此外还有如下几个理由。

第一个就是如果认为“我是幸福的”，那么他就会觉得自己过去的人生都是一场空了，即便现在是幸福的，但是那种对于不幸的担心和不安是无法消除的。一旦认为“自己是幸福的”，那就会感到迷失。“不幸”并不是一点点“幸福”就能抹杀掉的情绪，而爱抱怨、倾诉自己不幸的人往往会迁怒于身边的人。

比如说当幸运降临时，身边的人如果说“这样你也幸福”之类的话，听这话的人就会感觉到很不自在，如果这时承认，那么就感到今后再无法肆意发泄对某人、某事的牢骚。

那些愿意夸大自身不幸的人，是因为心有不平和不甘，但他们不会当面去责备对方，而是在心里抱怨身边的人，将自己的不幸迁怒于身边的人。那些有抑郁症或精神病倾向的人之所以要执着于自己的不幸，是因为他们可以据此来抱怨他人从而达到宣泄恨意的目的。

任何人都期待获得幸福，即便是经常哀叹自身不幸的人也不例外。心中有恨时，有的人会直接攻击对方，采取报复行动，简单而粗暴地将恨意发泄出来。其实，内心并不是真的有恨意。而那些无法将恨意付诸行动的人，就会愈发苦恼于自身的不幸，其本质是伪装了的憎恨，不幸本身就成了憎恨感的表达方式。

人之所以会抱怨，其实是在寻求关爱。正是因为他们对爱的呼唤并没有传达到对方，他们就变得愈发不开心，愈发夸大自己的不幸，在不知不觉中对人或者对周围的世界产生报复的心理。心里有恨的人，最想做的不是获得幸福感，而是宣泄心中的恨意，无论是谁都想获得幸福，但是，要是真的感觉到自己是幸福的，那就不能去责怪对方。

他们通过哭诉自己的不幸来寻求关爱，因此，在潜意识里就存在着对于幸福感的抵触情绪，对于那些生来就是乐天派并且在家人的关爱中长大的人来说，身边人的幸福与自己的不幸成了正比例关系，因此，如果身边的人遭遇了不幸的事，他们心里反而会感觉到高兴。

能够让人行动起来的，既不是弗洛伊德所说的“性”，也不是阿德勒所说的“劣等感”，而是“憎恨感”。要想获得幸福，那就不得不消除掉憎恨的情感，但消除憎恨的情感又不是一件简单的事情。憎恨就如同愤怒一样，不是一时半会儿就形成的东西，而是长年积累的结果。

慈悲是天生的本能

都说人性本善，既然这样，为何人与人之间性格迥异，到底是什么改变了人性本善的法则？人是不是真的生性本善？

人类社会是同样相互联系的。从佛法心理疗愈学的角度来看，慈悲是天性。它产生于我们的互相联系，这可以很容易地在物质世界中看到。土壤中的矿物质是谷物和身体骨骼的养分来源，暴风雨云变成我们的饮水和血，树木和森林排放出的氧气是我们用来呼吸的空气。我们对这个共同命运认识得越清楚，就越会对地球本身产生慈悲心。正如我们同地球相互依存一样，我们在意识上也是互相联系的。

几年前，卡罗和妻子都在印度山区的一个会所灵修，妻子曾经有一个清楚但很难相信的异象，预见她家里的一个死亡事件。卡罗试图劝慰她，那些死亡的图像只是静修进程的一部分。不幸的是，卡罗错了。十天以后，卡罗妻子收到一封电报，开头写着：“你哥哥保罗已经死了。”看到后面，我们发现，电报发出之日就是她发现异象之日，保罗当天去世的方式正是她在异象中所见的那样。我们都听到过这样的故事。这是因为我们的意识彼此相连。这个事实就是慈悲的基础。

在佛法心理疗愈学中，慈悲不是斗争或牺牲。在我们的身体中，慈悲是天生的本能。我们并不去想：“哦，我可怜的脚趾或手指受伤了，也许我应该帮帮它。”而是一受伤，我们立即做出反应，因为它是我们的一部分。通过禅修，我们逐步对众生开放意识界限而达成慈悲心，好像他们是我们的家庭成员。而即便因为恐惧和心理创伤而失去了慈悲心，它还是可以唤醒的，我们都有过佛性绽放之美的闪耀时刻。

慈悲还有神经学上的基础。在20世纪80年代，意大利科学家贾科莫·里佐拉蒂和他的同事发现了一组脑细胞，名为“镜像神经元”，通过镜像神经元细胞，我们可确切感知他人的情绪、行为和意图。

关怀的暖流就像充满慈善的天使，像顽强地从人行道裂缝中钻出来的绿色幼芽。在我们竭力避开伤害的企图中，以及上千种自我保护的日常姿态里，我们都可以看到慈悲的力量。

古人虽然对人性善恶持论不一，但在重视后天教化这一点上还是一致的。要想让人良善，就必须用良善的东西教化影响他人，而教化必须从人幼小的时候抓起。所谓善恶，只是一种道德的评价。

“虚假的自己”和“真实的自己”

人们往往对于自己的能力有着超乎寻常的认知，身陷信心陷阱的管理者的典型情况是，他们非常想要获得成功，惧怕失败，以至于干脆放弃尝试，摧毁信心的心理活动缘于“过度概括”。

在描述ESPN电视网的发展过程时，迈克·弗雷曼提到了他的搭档基思·奥尔伯曼是如何成为同事的噩梦的。基思常常对同事大呼小叫、厉声呵斥，甚至不止一次让同事掉下眼泪。后来了解到，基思对失败有一种长期的恐惧。这种恐惧时时刻刻地伴随着他，因为他总觉得自己应该为很多事情负责，尽管有些事情根本不由他控制。为了抵消和掩饰对自己能力不足的恐惧，他将自己扮演成一个超人，从而做过了头。不管什么事情，只要一有出差错的危险，他就插手进行干预。不幸的是，这种事事插手的做法使基思自受其害，加深了他的“担心由于事情出差错而被谴责的恐惧”。弗雷曼的书出版后，奥尔伯曼意识到自己的错误，并向曾经的同事道歉。在道歉信中，他将自己的行为归因于一种内心深处的不安全感。他说：“我一直认为，我周围的每一个人都比我更胜任工作、更有能力，而我却是个能力不足的人，同时我总感觉我的能力欠缺早晚会被人们发现。”无疑，在大多数人的眼中，基思是很成功的一个人，但是他一直生活在恐惧和自我厌恶中。这种恐惧最终迫使他离开了自己的工作。

对失败的恐惧往往来源于早期不良的家庭教育，有严重失败恐惧症的人在小的时候往往因为失败受到惩罚，而对于成功却反应平淡，孩子对父母的情感依附往往很不牢靠，他们总有一种不被接受或者不被认同的恐惧。对达不到期望的恐惧导致他们惧怕失败，掉入信心陷阱。这种负面思维会严重地影响他们的人际关系，让他陷入不切实际的担心——一旦事情不顺利就会失去人们的尊敬和赞许。

当那些惧怕成功的人实现了自己的目标后，常常会生病或者产生焦虑心理。用功过度的人对自己处理各种关系的能力没有信心，在内心深处不相信自己，也不相信自己有能力对下属进行管理。而管理者用功过度，也造成下属们用功不足。

20世纪60年代，英国教育家和心理分析学家唐纳德·温尼考特将“真实的自己”和“虚假的自己”引入了心理分析学，将“真实的自己”定义为与生俱来的那个健全、自信的自己，而“虚假的自己”则是在生命的早期作为取悦父母的方式而出现的一种构造物。孩子们会遵守父母的价值观念，但随着他们逐渐长大成人，就会开始挑战和质疑从父母那里接受的规则和价值观念，而这正是十几岁的孩子出现反叛情绪的原因。等他们跨过这个门槛，接受了“真实的自己”后，父母辅导与自己独自形成的认识之间才能达成一种平衡。

但这不是说“虚假的自己”就此消失。在工作中，呈现出另一个“虚假的自己”——一个快乐地接受组织规范和文化的自己，这往往是一个合乎情理甚至心照不宣的要求。也许不会认同公司的一切，或者不赞赏管理者的经营方式，但我们通常对此保持沉默，以便能在公司里和他人正常相处或者使工作能够完成。然而，有些人觉得他们必须将这种“虚假的自己”发挥到极限。

“虚假的自己”是一个信心陷阱，它阻碍我们认识自己的真正潜力，让我们压抑“真实的自己”，并戴上一种更能被人接受的面具。对“真实自己”不满导致自我抛弃，并不断地消耗着自信。道理很明显，如果我们为“真实的自己”感到羞愧，又怎么可能对自己的成功潜力持有信心呢?

“寻找更快乐的自己”是一个bug

即使是自我改善运动的反对者仍然在鼓励人们寻找快乐，他们只是提供了解决问题的不同方式，但目标仍然是：寻找更快乐的自己。

一旦你踏上了追求快乐的列车，就很难再停下来，因为它承诺的前景实在太诱人了。这里还有一个潜在的禁忌，那就是如果你拒绝追求更快乐，就背离了文化传统。无论你选择哪种方式，最终的结果必然是以头撞墙，这个墙的名字叫“更快乐”。“寻找更快乐的自己”虽然很励志、很鸡汤，但是不得不说，这就好比一个游戏里的bug（系统漏洞），是根本不可能的。

心理学家在1922年对1216个儿童的成长经历进行了跟踪调查，结果发现，那些最快乐的孩子比那些不快乐的孩子寿命短，那些小时候明显快乐的孩子长大以后更容易饮酒、抽烟和冒险，乐观的性格使他们容易低估危险。快乐是人类适应进化的产物，它能够使我们在恰当的时间采取恰当的行为。精神病医生推论说：“乐观和积极向上的性格有利于人们积极地面对短期的危机和困扰，但是长期来看情况就要复杂得多，它们的作用并不总是积极的、有益的。”

快乐能帮助我们趋利避害，同样，厌倦、沮丧、悲伤以及各种各样的负面情绪，也有这种趋利避害的作用。这些情绪发生在我们身上，都是为了让我们在恰当的时间采取恰当的行为，从而使我们的生存境况变好。

负面情绪有什么作用呢？人们知道，适当的悲观主义有助于更准确地认识这个世界。人生不如意事十之八九，保持一种苛责的悲观的视角，能够提高我们对未来的预见性，而那些乐观主义者容易过高地估计自己的成功、境遇以及让人快乐的事情发生的概率。

当我们感到忧郁的时候，会停止手中正在进行的一切，重新思考。如果生活中确实发生了一些令人沮丧的事情，当我们感到难过和忧虑时，重新思考和评价自己做事的方式显得很有必要，并同时进行调整和改变。但是现在的医生不是这样做的，他们越来越喜欢用药物来对付抑郁，而不是给人们安慰和时间去恢复内心的平静。减轻抑郁还会有副作用，假如那些天性胆怯和悲观的人因为服用抗抑郁的“百忧解”而变得不那么胆怯和悲观，整个社会的结构都会被扭曲。

不过负面情绪可以通过一定方法来排解，比如参加体育锻炼或者户外活动，使自身处于一种大汗淋漓的状态，也可以通过想象、憧憬一些美好的事物，让自己身心愉快，而不是一味地抱怨。当然，有些人对付负面情绪的方法就是睡觉，有睡醒之后便可从头再来之感。总之，对于负面情绪，要辩证地看待，适度地抱有负面情绪对生活有一定的促进作用，但也要避免物极必反。

现代社会中，要学会自我减压，不要让负面情绪乃至心态影响本来健康快乐的生活，只要保持积极向上的精神，只要努力，没有什么事情解决不了。

没关系，是爱情啊——“爱”是一种科学

一千人一千种爱情，但只有三个步骤

俄国文学大师托尔斯泰有句名言：“一千个人有一千种爱情。”的确如此，现实生活中，每个女人的爱情都有不同的经历，各有特色。但是，从初次接触到结婚，完整而有效的爱情发展包括初恋、热恋和熟恋3个过程，通俗地讲，即“谈”“恋”“爱”3个过程。其中“谈”是“恋”的前提，“恋”是“爱”的基础，不同的阶段有不同的心理特征。所以，要把爱情放冰箱，总共分三步。

1. 初恋阶段

指爱情萌生的时期。在时间上大体指恋爱的双方从进入角色到热恋前的这段接触。处于这一阶段的青年男女一般具有下列心理。

（1）试探心理。与对方接触后，由于对其了解甚少，于是便设法通过不同的方式全面地了解对方，或人为制造“考验”情景，或正话反说以观察对方的情感变化等。一般来说，女子的试探心理较男子复杂。

（2）戒备心理。由于交往程度浅，接触时间短，因此恋爱双方都存有不同程度的戒备心理，不愿很快动真感情，不轻易暴露自己的缺点。双方接触时显得十分冷静，因此交谈时含蓄敏感，不能推心置腹。

（3）矛盾心理。恋爱的双方经过一段时间的接触了解，既发现了对方的一些优点，也发现了对方的一些缺点。此时，欲罢不能，欲谈又勉强，心理上充满了矛盾。

2. 热恋阶段

是爱情走向成熟的时期。客观地讲，是指双方进入了感情上的迷恋时期。谈的过程结束，就是恋的阶段的开始，二者紧密相连，很难从具体时间上予以划分。经过初恋阶段的相互了解，双方的心理相容程度向更深、更广的方向发展，双方都沉浸在幸福之中，精神面貌也焕然一新。此时，双方心灵相悦、精神相通，彼此真正地了解对方，已经能够完全接受对方的一切。与初恋阶段相比，热恋阶段的男女具有下列心理特征。

（1）情感热烈。由对方外表、气质、才华等汇集而成的巨大魅力激起心中对他（她）的强烈思念和躯体依恋，产生企盼、等待、幻想等一系列内心活动。整个身心常处于迷恋恍惚的状态中，有如痴如醉之感，有时难用理智控制。常有“一日不见，如隔三秋”之感。

（2）感情专注。热恋中的男女感情专一，指向性很强，他们的注意力和兴趣都集中到热恋对象身上。不但注意对方的穿着打扮、仪表风度和言谈举止，而且注意对方的为人处世、情趣志向和品格情操。热恋中的男女，总是有说不完的知心话。此时，他（她）心中只记挂着对方，恨不得时时刻刻在一起，而对二人感情活动以外的其他活动兴趣不大。

（3）产生审美错觉。随着热恋的进行，感情日趋深化，对方在心目中的地位变得更高，形象变得更完美，热恋中的人会出现审美错觉，即“情人眼里出西施”。由于对恋人的爱慕，常将对方加以美化、理想化。即使有一些缺点，也被这种爱慕冲得一干二净。这种近乎偶像化的崇拜心理常使爱情误入歧途，可能等到婚后才能发现对方的一些缺陷。

3. 熟恋阶段

熟恋阶段又称稳恋阶段，是恋爱进程趋于完美、成熟的阶段。时间上已开始进入婚前准备和计划婚后生活的阶段。“恋”和“爱”二者是互相渗透、互相依存的，有“爱”才能产生“恋”，有“恋”才能加深“爱”。但与热恋阶段相比，此期又具有不同的心理特征。

（1）排他心理。由于感情的深化，思想上合拍，此期恋爱的双方已把恋人的命运与自己紧紧地联系在一起，产生占有心理、嫉妒心理，不愿恋人与其他异性接触，爱得越深，这种排他心理越甚。

（2）“冷淡期”出现。经热恋期的频繁接触，双方解除了戒备心理，言行较前更随便，自我暴露增多。加之热恋的热度有所下降，对生活的认识更为实际，双方都会发现对方的一些不尽如人意之处。有时对一些问题的认识也难达到统一，加之受到家庭成员态度、社会舆论的消极影响，心理上易出现不愉快的情绪。有时甚至会为一些琐事而闹别扭，感到莫名的烦恼而冷落对方。当双方都意识到隔阂存在时，一般都能冷静地面对，以最大的努力消除这种隔阂。

（3）现实感增强。度过“冷淡期”后，感情在理智的维系下回潮并进一步发展，双方都努力争取达到精神上的和谐、观念上的一致。此时恋爱已与婚姻联系在一起了，已进入了婚前准备、计划婚后生活的阶段，并常讨论一些实际问题，如婚礼的筹划、亲友关系的处理、家庭生活的安排等。

这种按步骤放进冰箱的爱情，才能够长久保鲜。恋爱过程是一个情感复杂、心理多变的过程，这是因为爱情的欢乐与幸福从来都是与痛苦、烦恼相互依存、纠缠在一起的。了解恋爱过程中不同阶段的心理特点，力求谈、恋、爱三个阶段和谐统一，就会拥有幸福、完美的爱情。

吓死我了——啊，这就是心动的感觉

曾经有一部震撼人心的美国大片《生死时速》，讲述男女主人公在一次警方排弹过程中相识的故事，他们经历了生与死的考验后，彼此相爱的速度很快。不要以为这种闪电式的情感只是艺术家杜撰出来的，其实，人们在内心惶恐的时候，就会产生一种神秘的心理倾向——他们容易喜欢上这个时候遇到的人。

这也是在电梯故障的时候被困的男女容易产生情愫的原因。

人在做剧烈运动的时候，心脏会急速跳动，有时候人们会把这种心跳误以为是爱情的心动，而不知其实是“吊桥效应”在作祟。

首先，我们来看一个实验：

加拿大心理学家达顿等人分别在两座桥上对18～35岁的男性进行问卷调查。一座桥是高悬于山谷之上的吊桥，吊桥距离下面的河面有几十米高，而且左摇右晃，非常危险；而另一座桥是架在小溪上的一座坚固的木桥，高度也很低。心理学家先让一位漂亮的女士站在桥中间，然后让接受实验的18～35岁的男性过桥，并在桥中央接受问卷调查。

做完问卷调查后，那位女士会对男士说：“如果想知道调查结果的话，过几天给我打电话。”随后便将自己的电话号码告诉男士。结果，数日之后，给这位女士打电话的男士中，过吊桥的男士远比过木桥的男士多。

为什么过吊桥的男士会有这样的行为呢？因为一般人过吊桥时都会胆战心惊，他们把过吊桥时那种战战兢兢、心跳加快的感觉误认为是恋爱的感觉，这心动的“错觉”容易让人坠入爱河。就像我们在运动场或健身房看到体格匀称、外表阳光、挥汗如雨的男生容易心动一样，心脏的跳动引发生理上的兴奋，却往往被误以为是心理上的兴奋，造成“心动”的错觉。这就是“错误归因”，也叫“吊桥效应”“恋爱的吊桥理论”。

从心理学上讲，人们难以将自己的感受精确地进行归因，因此容易出现“错误归因”。比如，当你跟一位心仪的异性看恐怖电影时，你感受到自己的心在怦怦乱跳，呼吸也变得急促起来，那么，这是电影情节太过恐怖，还是身边的人物令你心动？你不可能说，“此时，我的生理表现57%来自异性的吸引力，32%来自恐怖电影，另外11%是因为刚吃的零食来不及消化”。由于难以准确地指出自己生理表现的真正原因，我们会对产生情绪方面的错误认识，将看恐怖电影引起的心跳过速理解为身边异性致命的吸引力。

在吊桥上剧烈摇晃的环境中，即使拥有强健体魄和高度自负的男人，也会感到极度紧张，这种兴奋状态是恐惧害怕引发的，可是，当事人却认为是由于眼前异性的魅力所致。人们在爱河之中常常感到心跳加速、呼吸不顺，而在恐惧时刻也会出现类似情况，所以就会产生“原来是自己爱上对方了”的错觉。有时候这种错觉真的会让人“动心”，而且“吊桥效应”在生活中也确实普遍存在：漂亮的女士处在危险中，英俊的男生英雄救美后与其喜结良缘；恋爱中的两个人在丛林中追来跑去，然后在角落里的深情一吻；为了躲避危险一男一女携手狂奔，然后彼此情感进一步升华；玩完刺激无限的过山车，年轻爱侣们的心似乎更贴近了……所以，当你心中正有一个心仪对象，并想进一步增进彼此的感情，那么“吊桥效应”或许对你选择下一次约会的地点有所帮助，可以相约到一些容易让人心跳加快的地方，比如游乐园的过山车或摩天轮，或者去看一场恐怖电影，相信会让感情急速升温，不过需要先确定对方是否愿意接受这种刺激性强烈的活动。

当然，由于“吊桥效应”中的错误归因，当你在紧张或恐惧时刻对人心动，事后也要冷静下来，思考确认一下自己是否真的是被其魅力吸引爱上了对方，而不是因为“吊桥”环境下，产生了错觉。

丰乳肥臀不全是色心，是基因选择

丰满的胸部是不少女人孜孜以求的，她们或者去做隆胸手术，或者在内衣上下足功夫以使自己的胸部显得更加丰满而有魅力。女人对胸部的注重很大程度上是因为男人喜欢胸部丰满的女人。生活中不少美女也总会抱怨，为什么男人总喜欢那种前凸后翘的女人？

其实，女性的胸部大小与她的哺乳能力一点儿关系都没有，胸部小的女性能够分泌出与胸部大的女性一样多的乳汁来哺育她们的孩子。既然如此，为什么男性更钟情于拥有丰满胸部的女人呢？一直以来，这都是进化心理学领域中悬而未决的谜题。现代主义绘画大师塞尚在画过无数个人体之后，发现一条规律：人体看似千变万化，归根到底都是由三种基本形体构成，即锥体、柱体和球体。对于男人来说，锥体和柱体多一些；对于女人而言，球体和柱体多一些。男人与女人的区别，就是锥体和球体的区别。女人身上的球体，以胸前两乳最为突出，从人体美的角度来说，男人眼里丰乳肥臀的女人很性感。

20世纪90年代末，哈佛大学人类学家弗兰克·马洛韦做了一个简易的观察实验，他发现较大的胸部一般都较重，并且随着年龄增长，其松弛的状况比较小的胸部要严重。因此，这就便于男人观察并判断女性的年龄以及她的生育价值。在远古时代，没有身份证来供男人查证女性的年龄。那时候也没有日历，人们没有生日的概念，因此女人并不知道自己的实际年龄到底是多少岁。古代的男性就必须从一些生理特征来推断一个女人的年龄和她的生育价值，而女人胸部的轮廓为此提供了一个很好的线索，但也仅限于那些随着年龄的增长而不断下垂的丰满胸部。马洛韦猜测这就是男性认为胸部丰满的女性更有吸引力的原因。

为了拥有丰满坚挺的胸部，女人们煞费苦心、不辞辛劳地采用各式各样的方法，这也从侧面证实了胸部大的女人更有魅力的说法。

女性期待的是有活力的胸部，这也是男性所憧憬的。从主流文化的角度来讲，突出的胸部是女性美的特征，所以大部分男性都会把这一点作为衡量女性外表的一个重要指标。也就是说，男性会喜欢丰满的胸部在一定程度上是受到文化环境的影响，这就好像现代社会以瘦为美，但在唐代就是相反的情况——这就是社会环境普遍影响个人意识的一种体现。

不过，仅仅胸部大还不行，没有弹性或者下垂的胸部也不受欢迎。在文艺复兴时期，上流社会的女性几乎人人都雇佣奶妈代替自己喂养孩子，因而高耸、坚挺的胸部成了一种身份的象征。相反，用自己的乳汁喂养婴儿，从而导致胸部变形则是贫穷的象征。

英国著名人类行为学家戴斯蒙·莫里斯在其著作《裸猿》中阐述了男人为什么喜欢盯着女人胸部看的理论。莫里斯认为，在远古，男性与女性的胸部大小相差无几，女性在性征上吸引男性的部位是臀部。在人类进化到面对面进行性活动的时候，女性的胸部才慢慢发生变化，比男性的越来越大。按照莫里斯的理论，进行面对面的性行为时，正面视觉及感觉的刺激要远远高于背面，因此，女性的胸部进化到如臀部般隆起。莫里斯说：“不同的女性胸部大小并不一样，但这并不影响哺乳功能。在进化史上，由于臀部在性和生育方面发挥强大的吸引力，女性的胸部才模仿臀部进化到现今的形状。”

进化心理学就为什么男性更钟情于胸部丰满的女性还给出了另一种解释。一项针对波兰女性的研究表明，同时拥有丰满胸部和纤细腰肢的女性生育能力最强。因此，男性偏爱胸部丰满的女性与他们偏爱拥有小蛮腰的女性的原因是一样的。

乳房为女人平添了多少魅力自不必说，丰满、挺拔、健康的乳房，是女人美的诠释。男人在选择配偶时，倾向于那些具有良好遗传基因的女人。而女人基因的优劣又不会写在脸上，这就决定人眼无法直接对女性基因的品质做出准确的判断。在此情形下，女人一对突出于体外的乳房就变得至关重要，对男人来说也永远是致命的诱惑。

有魅力的老公不是好丈夫

有魅力的老公总是让人觉得没有安全感，因为即使他不是一个花花公子，也可能会有很多女性觊觎他，纠缠他。

进化心理学家发现，男性可以通过两个不同的策略实现繁衍成功概率的最大化：与伴侣白头偕老，共同投资后代（“好男人”策略）；或者每次婚姻都很短暂，无须在任何后代身上进行投资（“坏男人”策略）。

也许所有男性都希望采取“坏男人”策略，但是他们的择偶策略受到女性选择的限制。因为一个巴掌是拍不响的，男性单方面无法决定与谁发生关系，只有获得了女性的认同之后才可以。

所以，没有魅力的丑男就没有选择了，他们实现成功繁衍的唯一办法就是寻找一位长期伴侣并大量投资于他们的后代——好男人策略。而自身条件很好的帅哥能够获得很多短暂结婚的机会，因此能够使用“坏男人”策略。

与上述理论相似，另一种学说表明，英俊的男性拥有很多性伴侣（长期伴侣之外的女性），他们的短期伴侣数量多于长期伴侣；而多数美女的长期伴侣数量多于短期伴侣。更为重要的是，与丑男相比，俊男对男女关系的投资显然低于丑男。

就此而言，俊男似乎更适合当情人而不是丈夫。

其实有魅力的男人不仅仅指那些样貌出众的男人，也指那些有钱多金或者是能力出众的男人。大多时候，女性的魅力是美貌，男性的魅力是金钱。

人类似乎是自然界的特例。大多数的动物都是雄性外表华丽，色彩鲜艳，而雌性外表则比较普通（看看雄孔雀和雌孔雀的差别就知道了）。雄性为了吸引雌性的注意，一般需要展现生理特征，而雌性根据雄性的生理特征选择伴侣，因此雄性的外表越华丽、色彩越鲜艳就越好。反观人类，则是女性的外表比较重要，而男性选择配偶的标准大多是看女性的外表。

在自然界里，多数物种的雌性并不会从雄性那里得到任何物质上的利益；雄性对子女的贡献就是交配过程中在雌性体内留下的精子。对雌性而言，雄性的遗传品质至关重要。因此这类物种的雄性通过展现遗传品质的方法吸引雌性，而雌性也仅以此择偶。人类男性则是例外，即使男性在繁衍中的贡献低于女性，但是他们对后代的贡献也是最多的。但是这并不代表人类男性的遗传品质对女性而言不重要，女性可以通过男性的遗传品质预测其未来获得资源和地位的能力，以及对子女贡献的程度。对人类而言，由于人类男性对子女的贡献程度高，因此重要的不是遗传品质，而是男性潜在的赚钱能力。其遗传品质之所以重要，是因为这能预测男性积累物质资源的能力。由此，女性选择配偶的标准更趋向于是看男性的金钱，男性也会更加注重向别人展示自己的财富。

在20世纪90年代末的一项研究中，研究人员暗中观察英国利物浦市中心酒吧里的顾客，当时移动电话还是稀有物品。研究人员发现，男性倾向于把移动电话放在别人能够看到的桌子上，但女性很少这样做。男性人数较多，或男女比例悬殊时，这种行为倾向就会越明显。针对男性这类行为，研究人员的解释是，男性为了吸引女性的注意力，有意识或无意识地与其他男性竞争，展示财富和地位，也就是展示遗传品质和潜在收入。因此，男性是以社会和文化的方式吸引女性，而不是以生理特征吸引女性。

因此当男性想吸引女性时，他们展现的是潜在的收入和已获得的财富，如豪华跑车、昂贵手表、名牌服饰、掌上电脑等，并在言谈举止间鼓吹自己的成就，而不是遗传品质。年轻男性也可能借由“文化展示”表现自己的遗传品质和潜在收入，这类文化展示是指“可计量、公开，而且昂贵的”活动，像音乐、艺术、文学和科学等。

你是我的罗密欧，我是你的朱丽叶

相恋的男女，可能还没有到非对方不娶不嫁的程度，可是当遇到外界的阻力时，反而会促成他们的姻缘。在心理学上，这种现象被称为“罗密欧与朱丽叶效应”。

一般情况下，我们认为那些没有阻力、受到亲人朋友祝福的爱情，会发展得比较顺利。实际上，越是受到外界的阻力，越能加深恋人之间的感情，比如罗密欧与朱丽叶。

《罗密欧与朱丽叶》是著名戏剧家莎士比亚的经典作品之一。故事发生在14世纪的意大利，男女主人公分别来自两个积怨很深、相互争斗的家族之中，这两个家族的独生子罗密欧和另一个家族的独生女朱丽叶相爱了，虽然他们的爱情受到多方阻挠，但两个年轻人决心冲破重重障碍，将忠贞的爱情轰轰烈烈地进行到底。在这个故事中，罗密欧与朱丽叶的家人越是反对，两个人的感情似乎越是深厚。

在电视剧中，我们也经常会看到这样的情节：当有情敌出现时，自己对恋人的感情会变得更加强烈。以前可能并没有觉得恋人有多好，但是，竞争者的出现使自己的恋人显得越发完美。

关于这种现象，心理学家给出了科学的答案。当两个相爱的人受到外界的阻挠时，他们在心理上都会产生一种不快感，要消除这种不快感的心理效应就开始发挥作用，两个人会将战胜困难的力量错当成爱情的力量，把战胜困难的成就感转换成恋爱的力量。

不过，出人意料的是，很多为了躲避家人的反对而私奔的情侣，演绎了轰轰烈烈爱情的男女主人公，最后成就的婚姻很多都以离婚告终。这是因为，受外界阻力而激发升温的爱情，往往经受不住现实的考验。两个人一旦遇到现实生活的挫折，爱情就容易破碎。

来自“猩猩”的你——基因VS进化

生男生女，不一样

生男生女其实并不由天定，除了我们所了解的染色体、基因因素，进化角度的诸多因素都会影响孩子的性别。

一个广受关注的进化生物学原则——“特里弗斯·威拉德假设”指出，拥有较高社会地位的富裕父母有更多的儿子，而社会地位较低的贫穷父母有更多的女儿。这是因为通常孩子会继承父母的财富和社会地位，富裕家庭的儿子也是富豪，从进化史来看，他们能够拥有很多妻子和情人，可以生几十个甚至几百个孩子，而富裕家庭的女孩的后代可能就没有这么多了。

与此相反，贫穷的儿子可能被彻底排斥在繁衍游戏之外，因为没有女性愿意嫁给他们。但如果是年轻漂亮的女儿，那么仍有可能育有子女。所以，父母在各自的经济环境中衡量孩子的性别比例——如果较为富裕，那就要男孩；如果比较贫穷，那就要女孩。

在人类历史中，有很多证据能够支持这个假设。美国总统、副总统和内阁成员的儿子数量比女儿多。东非贫穷的游牧民族的女孩数量多于男孩。在美国和德国社会里，精英阶层拥有更多的儿子，

而普通人则有更多的女儿。在针对46个国家的国际性调查中，如果人们只能有一个小孩，那么有钱人希望要儿子，而穷人则希望要女儿。尽管存在一些反证，但是多数证据还是支持特里弗斯·威拉德假设的。

一项新假设指出，如果父母能够遗传的特质更适合男孩，那么父母将生男孩。相反，如果父母能够遗传的特质更适合女孩，那么父母将生女孩。

大脑类型是此类遗传特质的一个例子。“男性大脑”更擅长系统化（善于理解），而“女性大脑”更擅长共情（与他人产生关联）。因此，新假设推定，拥有“男性大脑”的人如工程师、数学家和科学家，更有可能生儿子，而拥有“女性大脑”的人如护士、社会工作者和学校教师，更有可能生女儿。调查数据也证明事实的确如此。同理，高大的父母儿子居多，矮小的父母女儿居多。因为在远古时代，男性竞争配偶的过程中体形是显著的优势，而对女性而言体形就不是优势了。

此外，从出生的第一天起，男女就不一样。剑桥大学心理学家西蒙和他的助手以刚出生一天的婴儿为对象进行了一项细致的实验。他们同时将一张女性脸部的照片和一张汽车的照片给102名婴儿看（其中男婴44名，女婴58名，但是研究人员在实验结束之前并不知道婴儿的性别）。他们将实验过程拍摄下来，以观测婴儿们更关注哪一张图片。结果显示，大部分男婴盯着汽车图片的时间更长一些；相反，大部分女婴更偏爱看女性脸部图片。

众所周知，男孩和男人对机器及其他机械物体有着浓厚的兴趣，而女孩和女人则更倾向于社交，并对人际关系比较感兴趣。假设这些性别差异是伴随人一生的性别社会化的结果，那么这些刚刚出生一天的新生儿，为什么也会表现出这样的性别差异？即使是

“社会化”观念最狂热的支持者都不相信，24小时就能让婴儿“社会化”了！

猴子也存在性别差异。有两位进化心理学家曾进行过一项有趣的实验，他们将两个典型的女性玩具（洋娃娃和炊具）、两个典型的中性玩具（图画书和玩具狗）和两个典型的男性玩具（小皮球和警车玩具）分给黑颚长尾猴玩耍（其中雄性与雌性各44只），随后便以它们在哪个玩具上花的时间更多来衡量它们对某个玩具的喜爱程度。

实验结果表明，雄性黑颚长尾猴对男性化的玩具表现出了极大的兴趣，而雌性黑颚长尾猴对女性化的玩具表现出了浓厚的兴趣，二者对中性玩具的喜好程度则没有明显区别。关于这个实验的研究论文展示了雌性黑颚长尾猴正在检查洋娃娃的生殖器部位的照片，它大概是想确定一下洋娃娃的性别，这和人类女孩的想法如出一辙；雄性的黑颚长尾猴则将警车玩具推来推去，就像人类的男孩一样。正如一般人们认定的那样，假如孩子对玩具的偏好主要由性别社会化决定，那么该如何解释雄性及雌性黑颚长尾猴会表现出与人类的男孩、女孩同样的偏好呢？它们并未经历人类的社会化过程，而且它们此前从未见过这些玩具。

关于生男生女的研究，或许还有更多有趣的成果等待人们去挖掘。

女人没安全感？天生的！

普遍意义上说，男人在发生危险后才会感到安全感丧失，而女人常常在危险发生之前就担心不安全。生活中，很多女人常常会觉

得没有安全感，因而更敏感，更会未雨绸缪。

从基因决定女性的体质特点来看，基因造成女性的骨骼构造和体形不适宜奔跑，月经周期及孕育孩子的特点导致女性身体不方便、体力较男性差，使她们和小孩一样成为最易受到攻击、伤害的对象，这当然会造成她们安全感差，而这种强烈的不安全感又通过基因世代遗传下来。

从生理结构来看，女性体格相对较小、较弱，同时又要承担怀孕、哺育下一代的重任，所以在行动上肯定不如男性方便，另外还要承担分娩的危险，任何情况下的难产都会致命，所以女性比男性有更大的不安全感，这是毋庸置疑的。

女性的身体构造适宜生育孩子，但这也造成了她的不安全感。女性从小就有不安全感，这除了基因遗传造成体形较小，她的外生殖器的外形，和小男孩相比也会让她觉得缺失了什么东西，使她有不如男孩的感觉，这种缺失感也会给她的自信造成很大影响。另外，在排尿上她不能像小男孩那样站着排尿，而在排尿的过程中又会把身体弄脏，这都会让她感觉不如男孩，会有一种自卑感。等到性成熟时，又会面临月经的困扰。而怀孕生育则使这种感觉达到了顶峰。她会觉得生命已经不是自己的了，她无法控制自己的身体而任其膨胀，在享受孕育生命的奇妙喜悦时，她的不安全感也会越来越强烈，因为随着生产日期的临近，她的生命也可能会随时终结，因为她看过太多太多因难产而死亡的女人了，生育对女人来说就是对生命的考验。在人类最初，难产就意味着死亡，一切都要靠自己的生存本能和女性的本能来做，没有人可以帮忙，这是自然的选择。

由于女性的这种生理结构和自然使命，其一旦不注意，都会产生与此相关的疾病，而疾病有时就意味着死亡，所以女性的不安全感也通过基因和耳濡目染世代遗传下来。如对异性的不安全感，因为男性凭借生理结构、体力上的差别等可以违反女性意志强制女性来完成性行为。男性潜在的、随时性侵害比如强奸威胁，对女性来说也具有深远性的影响，她们总是处在弱者和被侵害的状态，已经没有了当动物时的自主感觉，男性虽然也在取悦她，但潜在具有强迫的能力，让她在评价自己的地位时，不得不考虑怎样才能找到最能保护她的男人，这变成了她的全部希望和寄托。

此外，从蛮荒时代起一直到近代，女人从来都是战争的牺牲品或战利品，打败一方的人总是被胜利的一方随意处置，一般对男俘虏或全部杀掉或作为奴隶，而女人一般都作为战利品奖给将士作为他们的女人，这种被强制在男人之间周转的做法，使女人觉得自己像物品一样没有自尊和人格，因此产生强烈的不安全感。

同时，女性在传统社会中政治地位低下，经济上依附于男性也加重了女性的不安全感。传统社会男主外女主内，男人的工作是女人的生活保障。女性对丈夫的经济依附使得女性对婚姻情感的安全可靠性更加看重。而现代社会即便是独立女性，由于传统文化的影响，也更加看重家庭。当人对一样事物越是重视，人的不安全感就会越强，重视情感重视家庭的女人也就越发感到不安全了。男性为什么不如女性那么重视情感呢？因为男性并不需要用情感来维系与女性的关系，他对女性的需要是性、孩子和生活上的照顾，他可以用实际上的保护或金钱来照顾女性，而并不需要用情感来维系这种关系，所以他不如女性那么重视情感。实际上，需求决定兴趣，重视或不重视情感，都是一种生存需要。就像人为什么没有尾巴了呢？因为不需要了，所以它就退化了。

因此，女人比男人更多地感受到不安全。

别对我说谎

现在的孩子小小年纪便学会了说谎，家长对此特别苦恼：自己明明教育孩子们不要撒谎，为什么他们还是喜欢说谎？难道说谎是人本能，与生俱来的？

有调查显示，孩子撒谎的种类并不亚于成人，包括无恶意的谎话、社交性的谎话、残酷的谎话、善意的谎话、隐藏事实逃避处罚的隐瞒性谎话，以及蓄意说谎以获利或增加威信的明显谎话。事实说明，无论家长如何教孩子，他们迟早会对你说谎。

针对孩子撒谎的现象，科学家提出了“心智理论”，指出孩子会认识到每个人的想法各异，而他们可以利用此情况来欺骗他人。孩子们了解到这一点后，就没有什么事情可以阻止他们说谎了。由此看来，撒谎是人的天性。

美国有项研究，研究人员将一群3岁大的幼童安置在一间房间里，周围摆放了一些新奇的玩具，研究人员告诫孩子们不可以转头去看那些玩具，然后离开。5分钟后研究人员回到房间，问每一位小朋友：“你偷看了吗？”尽管录像显示有90%的小朋友回头偷看了，却只有38%的人说实话。

另一项针对不同年龄层小朋友的实验则显示，小朋友的年龄越大，就越有可能说谎。满5岁的小朋友中，没有任何一个人会承认他们偷看过玩具。

英国朴次茅斯大学心理学家艾尔德·威瑞认为，小孩子天生就会成为骗子。撒谎的能力大约在3岁便与语言能力同时被开发出来。比如，当一个3岁大的小女孩接受祖母所馈赠的礼物时，即使她并不喜欢这个礼物，也会做出热烈的反应。

心理学家认为小朋友说出这类谎话是因为受到了父母的鼓励。生活中，当孩子们犯错不愿承认时，家长会声言不再爱他们、不再和他们说话、不带他们去旅游，甚至吓唬他们不听话的孩子不能吃饭等，直到他们就范。

事实上，家长们说出的这些只是吓唬孩子的话，不可能不爱他们，也不可能不让他们吃饭，当小坏蛋们意识到这些处罚只是吓唬人的时候，就会认定爸爸妈妈说话不算数；既然他们可以说谎，我当然也可以。当然，如果家长真的处罚了说谎的孩子，这也可能会促使孩子们为逃避处罚而说谎。

因此，孩子越大，谎话越多越高明，而且说谎得逞又逃过处罚，谎也越扯越多。对此心理学家解释说，一个2岁的小男孩被吩咐不准吃麦香面包，但他还是忍不住吃了，当妈妈问起时，小男孩承认自己吃过，于是妈妈很生气地处罚了他。类似的事情重复发生后，小男孩便知道承认做坏事会遭到惩罚，于是就开始说谎以逃避受罚。

当然孩子们的谎言很快就被揭穿了，他被父母告诫说：说谎是不好的行为，以后若是说谎就得受罚。于是小男孩开始犯难了，假如他犯错了，说真话就会受罚；但如果不说真话，还是得受罚。这样事情多了，小男孩子发现他的父母并不可能察觉到自己做过的每一件事情，因此，当错误没有被发现时，他就撒谎；只有当错误被发现，实在躲不过时才承认自己所犯的错误。这样的心理很可能会直接影响到孩子们长大之后的性格。

在现实中，我们如何辨别他人的话是否真实，避免上当受骗呢？

事实上，说谎者在说谎时往往有心虚的感觉。有时候，说谎的人只有一点点罪恶感；有时候，罪恶感会很强烈，以致露出漏洞，使对方很容易揭穿谎言。十分强烈的罪恶感会使说谎的人痛苦难耐，会令说谎者觉得说谎很划不来，简直是受罪。虽然承认撒谎会受到处罚，但是为了解除这种强烈的罪恶感，说谎的人很可能会决定坦白招认。

宋宁宗年间，刘宰出任泰兴县（今泰兴市）县令。一次，一个大户人家丢失了一支金钗，四下寻找不见，告到县上。刘宰调查后，了解到金钗是在室内丢失的，当时只有两个仆妇在场，但谁也不承认拿了金钗。

刘宰将两人带到县衙，安置在一间房子里，也不审问。众人都很困惑，刘宰却像没事人一样，饮酒散步，与大家闲谈。

天黑以后，刘宰拿着两根芦苇走进关押仆妇的房间，每人给了一根，说道："你们好好拿着芦苇，明天我要根据芦苇决案，谁偷了金钗，芦苇就会长出二寸来。"说罢关门走了。

第二天，仆妇被带到堂上。刘宰取过芦苇审视，果然有一根长出二寸，但他立即指着手持短芦苇的仆妇大声喝道："你如何盗得主人金钗？还不从实招来！"那个仆妇战战兢兢，当即跪倒在地，口中喃喃道："是我拿了金钗，大人如何知道？"

刘宰答道："我给你们二人的芦苇是一样长的，你若心中没鬼，为何要偷偷截去一节？"仆妇方知上了当。

刘宰正是因为知道撒谎的仆妇有恐惧和心虚感，才用这个测试办法使其自我暴露，辨识出了说谎者。

那些撒了谎且担心被识破的人，心里比较紧张，消化功能受到抑制，唾液分泌会减少，从而吞咽蛋糕和吐出炒米时比较困难；那些诚实的人不会觉得紧张，因而他们的消化系统不会受到抑制，唾液分泌正常，吞咽和吐出食物都较顺利。由此，英国人通过观察嫌疑人吃面包和干奶酪的顺利程度来判断其是否说谎。说谎者的难以消除的害怕感和心虚感，会让我们成功地识破谎言。

天生幸运儿

当下社会中，“富二代”的话题一直都非常热门。人们在谴责那些名门“二世祖”的同时也免不了艳羡他们“衔着金汤匙出生”，埋怨世道的不公平：为什么有些人生来就是幸运儿呢?

你经常得到幸运之神的垂青吗？还是常因运气不佳而扼腕叹息？为什么有些人总能在正确的时间出现在正确的地方，而另一些人却总是跟幸运之神擦肩而过？有人天生就是幸运儿吗？人能不能改变自己的时运？有心理学家从时间心理学上做了这项研究。

2004年，瑞典于默奥大学医学院的捷安堤·乔泰教授发了一封古怪的电子邮件给心理学家。捷安堤的大部分研究工作都是在探讨人们的出生日期跟其心理和生理健康之间的关系。在一项研究中，他要求大约2000人完成一份调查问卷，借此来衡量他们自认为喜欢追求刺激的程度，然后根据调查得分情况，分析人们喜欢刺激的程度是否跟他们的出生日期相关。追求新奇和刺激是人性的一个基本方面。喜欢寻求刺激的人无法容忍他们此前已经看过的电影，喜欢与他们捉摸不透的人相处，容易被登山和蹦极等具有较高风险的运动吸引。与此相反，不爱寻求刺激的人喜欢一遍又一遍地看同一部电影，感觉跟自己非常熟悉的老朋友相处非常舒服，而且不喜欢去他们从来没有去过的地方。

捷安堤的研究结果显示，喜欢寻求刺激的人通常是在夏天出生的，而那些喜欢熟悉事物的人则更可能出生在冬季。捷安堤在邮件中说，他很想知道是不是真的有人天生就是幸运儿。

捷安堤此前的研究表明，出生日期跟人的性格之间的确有一定的关系，但相关性并不是很大。为了找出这种微妙的联系，必须对数以千计的人进行研究才行，而且他们还要来自各行各业。苏格兰的爱丁堡国际科学节恰好帮上了忙。这是世界上历史最为悠久的科学盛会之一，也是欧洲最大的科学节。到了科学节接近尾声的时候，捷安堤收到了4万多人提交的数据。

实验的结果相当明显。捷安堤已经发现夏天出生的人更乐于冒险。爱丁堡的实验结果也显示，与那些冬季（9月到2月）出生的人相比，夏季（3月到8月）出生的人也会觉得自己更幸运一些。在十二个月份出生的人中，幸运度的自我评价曲线呈波状分布，其中5月最高，10月最低，只有6月与整体的分布形态不符，实验人员将其归因于统计偏差。这种现象的出现有很多种可能的解释，其中大多跟冬天的环境温度比夏天低这个观点有关。可能是因为冬天出生的婴儿要面对更为严酷和恶劣的环境，所以会比夏天出生的婴儿与看护人的关系更为亲近，所以在生活中比较不喜欢冒险，运气相对来说也要差一些。也有可能是因为在严冬生产的女性摄取的食物不同于在夏季生产的女性，所以孩子的个性也会有所不同。无论是什么原因，这种效应从理论上来说还是很有趣的，它暗示着出生时的温度对于个性的发展有着深远而长久的影响。不过，在接受任何与温度相关的解释之前，我们必须首先排除其他可能的影响机制。或许这种效应跟温度并没有任何关系，而是跟另外一种会随着月份不同发生变化的因素相关。天生幸运儿之类的研究显示，出生月份的确会对人们的行为方式产生细微的影响。

另一项实验则证明，人们可以主宰自己的命运。这项调查由布莱斯特大学儿童健康研究中心于1990年开展实施。科学家历时12年完成了一项对14000名儿童的大型跟踪调查，科学家们在这段时期不断探访孩子们，对他们灌输一系列尊重自我、人生目的和运气等相关知识。之后，这项课题的核心成员斯蒂夫教授提出，运气来自被抚养的过程，也就是说人性的形成取决于人生经历。斯蒂夫教授认为，面临棘手难题时会出现两种人：内向型与外向型。前者会分析情况再采取行动，并积累每次的经验；后者比较被动，认为只好坐等事件自然发展，于是怨天尤人。他还称，家境富裕的孩子往往容易长成外向型人；而逆境成长的人由于从小被灌输了只能成功，不许失败的理论，较易成长为内向型人。

由此其实可以看出，出生的时间可能真的对人产生不同的影响，但是否幸运还得看成长过程中的个人努力。

继承者们——了解一个人，看他排行老几

如果你想要了解一个人的话，你可以了解看看他在家中排老几。越来越多的研究证明，出生顺序会影响一个人的性格，而性格又会影响人们谈恋爱、交朋友，所以排行也可能影响婚恋。

每当谈起家中哪个孩子成绩最好、最会照顾人、父母上年纪后可以依靠谁，大家都会不约而同地想起老大；而提到“最野”、最让人不放心的那一个，多半是指最小的弟弟或妹妹。

家庭中的孩子们会采用不同的行为模式，以确保他们在家庭中的地位。通常，年纪最大的孩子会自然地扮演有责任感的代父母角色，最小的孩子则向相反的方向发展，成为喜欢取乐、不负责任的冒险者。而中间的孩子常常发现自己很难建立一种自我认同感，除非他们是最大的女孩或男孩，因为那会赋予他们区别于其他兄妹的

自然差异点，从而有助于他们在家庭中找到一个位置。

但是，已建立的出生顺序并不是永远一成不变的。如果父母再婚，不同的继子女会重新组成新的排序系统，疾病和意外也会引起变化。

对于家庭中的孩子，出生顺序不同带来的性格不同如下。

1. 老大

他们通常是父母眼中好孩子——听话，懂事，负责，勤勤恳恳。

相对于弟弟妹妹而言，他们服从性更高，观念保守，不敢犯错误，容易焦虑紧张，需要花较长时间排遣不愉快。

他们非常希望获得别人的敬仰和尊重，甚至宁愿为此勉强自己去做不喜欢的事情。

尽管他们貌似独立，但其实非常渴望被认可，所以通常也最介意排名和地位。

在婚姻和交友方面，他们在婚姻中控制欲较强，习惯用“发号施令”来占据支配地位。他们较难交友，通常只有几位亲密的朋友。

在工作中，他们倾向选择成就较高的工作，通常是很出风头的工作。他们通常拼命工作，总是感到对一切都负有责任，轻易不会要求帮助，即使把工作交给别人，也会不断担心别人会把事情办砸。

2. 中间的孩子

他们似乎是受出生顺序影响最大的孩子，当作为家中最小成员的位置被取代，这种冲击让他们一直努力寻找自己在生活中的位置和角色。

他们缺乏最大、最小孩子的特权与宠爱，因而缺乏安全感，不擅长主动或独立思考。

作为配偶，他们的婚姻通常很美满，因为他们出色的交际技巧，非常容易与任何出生次序的伴侣建立持久、完满的两性关系。

作为朋友，和朋友在一起，他们才容易感到内心长期渴望的独立与平等，所以他们十分渴望家庭以外的朋友。

在工作中，为了使自己感到重要，排行中间的孩子也许很有竞争心，尽管他们不直接跟家人竞争。他们通常擅长和所有类型的人打交道，善于处理人际问题，成为外交家、秘书、律师——这些职务要求的不是雄心大志，而是智慧与耐心。

3. 老幺

他们比其他的孩子更任性，也更乐观，具有与生俱来的幽默感。

他们常指望得到别人主动的帮助，也常常看来比较无助。

他们更看重自己的快乐，因而会违背父母的期望，迟迟不愿意长大。

他们在生活上比较不讲规矩，常常迟到、拖延或失信。

作为配偶和朋友，他们经常使用“哭泣”或“撒娇”等小策略，通常拥有充满乐趣、成功的婚姻和友谊。

在工作中，他们通常多才多艺，兴趣广泛。他们是天生的冒险家，无论选择哪种职业，他们都是那个领域中不按常理出牌的人。他们容易成为好的合作伙伴，因为他们具备与人建立关系的能力。另外，他们的社交技巧也让自己可以成为不错的销售人员。但是，他们习惯逃避责任，若处于负责任的高位，常会感到不知所措或不安全，难以做出决定。

4. 独生子女

他们一般在学校表现很好，容易自得其乐，对事情的轻重有自己的看法，不会企图控制别人。

他们通常早熟，因为在很小的时候就跟随父母接触成人世界。

他们比其他孩子更依赖父母，长大后需要花更长时间才能从家里搬出去。

作为配偶，他们从小没有习惯跟其他孩子一起生活，所以长大后在人际关系中缺乏技巧，也更难建立完满的婚姻。

作为朋友，因为早熟，他们通常和其他孩子有社交隔阂，因此善于结交比他们年长很多的朋友。因为从小习惯一个人自在的独处，他们倾向一次只要一个亲密的朋友，对同时适应过多伙伴感到困难。

在工作中，他们通常像长子女一样，充满自信、有条理、勤勤恳恳。他们也一心博取比他们年长或有权势人的欢心，而且常常成功。但是，他们又像最小的孩子那样，缺乏主动性，需要人来推动。他们习惯一帆风顺，当事情出现问题，他们的反应可能与事情的轻重不成比例。

所以，有时了解一个人的出生顺序也可以了解一个人的性格特征。

胎教与婴儿个性

同样是十月怀胎，一朝分娩，婴儿的性格却天差地别。为什么有的婴儿出生后乖巧又爱笑，有的婴儿却烦躁不安、吵闹不休，这是许多年轻夫妇们为之困惑的一个问题。其实，婴儿的性格跟胎教有一定的关系。

现代科学表明，如果孕妇能在怀孕期间拥有良好的环境和心态，并且坚持对胎儿进行胎教，那么婴儿出生后，拥有乐观开朗性格和健全人格的可能性就会大大增加。

孕妇们可能有这样的体会，在母体内有爱动的胎儿，也有不爱动的胎儿；一旦出生之后立即就会发现他们在个性上的差别，有喜欢睡觉的婴儿，有睁着眼睛张望的婴儿，也有手足乱动的婴儿；在哭泣方法上，既有大声号哭的婴儿，也有低声长时间哭泣的婴儿。胎儿的表现随母体内环境和母子组合的不同，而各有所异。

我国古人就认为，胎儿在母体中能够感受孕妇情绪、言行的变化，因此，要求孕妇谨守礼仪，给胎儿以良好的影响。现代科学研究表明，胎儿时期神经系统发育最早，尤其是脑的发育最为迅速。胎儿时期神经系统和大脑的迅速发育表现在结构和功能方面。

刚出生的婴儿脑重平均为出生体重的10%～12%，而成人脑重仅占其体重的2%～3%，由此可见胎儿时期神经系统和大脑是优先发育的组织。大脑皮质的神经细胞于胎儿第5个月即开始增殖分化，到出生时，神经细胞数目已与成人相同。出生后脑重的增加主要是上神经细胞体积增大和树突的增多、加长，以及神经髓鞘的形成和发育。

随着神经系统结构的发育，胎儿的感知觉、记忆等高级神经系统功能逐渐发育。胎儿5个月时常有翻转全身、踢脚、摆动手臂等动作，有时还会有吸吮大拇指、打嗝等表现。

听觉是胎儿最早发展的感觉。胎儿可以听到母亲的心跳、母亲胃肠的咕噜声、外界的声响、人的声音，尤其是父母的声音。胎儿从第6个月开始，已有一定的视觉，如光线直接照在母亲的腹部上，会引起胎儿的反应，大多数胎儿表现为受惊般的移开。

布拉泽尔顿博士研发了一种叫作“新生儿行动评定法”的独特观察方法，他利用手电的光，或者通过抱、哄等各种行动来观察新生婴儿的反应快慢、强弱、注意力的持续程度，以及适应能力和精神稳定状况等有关个性的基本行动特征。

对当天出生的婴儿进行观察时，有的婴儿能紧紧盯住博士的眼睛。当博士上下左右转动自己的面孔时，婴儿也用眼睛进行追踪，但有的婴儿看了一下马上就不追踪了。有的婴儿很快就习惯于听那些令人讨厌的声音而沉沉入睡，有的婴儿对外部的刺激十分敏感，总在哭泣。有的婴儿，安抚一下就立即停止哭泣，有的婴儿若不抱在怀里摇晃一会儿就安静不下来，这些被观察的婴儿之间的个性，都有很大的差别。

当从医院回到家，周围环境发生了变化，1个月后再对同一婴儿进行检查，其结果又发生相当大的变化。例如，有的在出生后1周内，曾是一个很有持久力、情绪稳定的婴儿，但是在外婆家生活1个月，由于外婆和外公过分疼爱，导致其控制自己的能力变弱，结果，对外部刺激的反应也变得消极起来。

这样看来，婴儿出生之后就应有个性，而个性与母亲妊娠期间的环境、生活方式、身体状况等因素有密切关系。

因此，许多学者建议孕期母亲给予胎儿适当的胎教，将有利于胎儿的生长发育，尤其是神经系统结构和功能的发育，如母亲经常轻轻抚摸腹部，给予胎儿温和的刺激，有利于促进胎儿感知觉的发育；经常与胎儿说话，有利于促进胎儿语言功能的发育；给予胎儿轻柔的音乐刺激，特别是接近母亲心跳节奏的旋律，有利于胎儿的生长发育，让胎儿安心，轻松自然，有助于促进胎儿生长。

附录1

黑尔精神病性量表（病态人格检测表）

以下20项标准，每一项都分为三个等级，觉得自己根本没有这样的情况为0分，觉得部分有这样的情况为1分，觉得完全具有这样的情况为2分。30分以上即可以认为是心理变态，极端心理变态为满分40分。

第一项　外表魅力

第二项　过度自负感

第三项　对刺激的需求易变得烦躁

第四项　病态性说谎

第五项　狡猾/控制欲

第六项　缺少悔意/愧疚感

第七项　快速情绪反应

第八项　冷酷/缺乏同情心

第九项　寄生虫式的生活方式

第十项　行为控制力差

第十一项　性生活混乱

第十二项　早期行为问题

第十三项　缺少可行性长期目标

第十四项　易冲动

第十五项　没有责任感

第十六项　不能对自己的行为承担责任

第十七项　多次短期婚姻关系

第十八项　青少年违法行为

第十九项　撤销有条件释放

第二十项　犯罪多样性

附录2

艾森克人格心理测试（EPQ）成人式

汉斯·艾森克和S.B.G.艾森克设计的一种有关人格维度研究的测定方法，简称EPQ。通用的EPQ是1975年制定的，它是一种自陈量表，有成人和少年两种形式，各包括4个量表：E——内外向；N——神经质，又称情绪性；P——精神质；L——谎造或自身隐蔽。经艾森克等人的因素分析计算，前3个量表代表人格结构的3种维度，它们是彼此独立的，L则是效度量表，代表说谎程度。

分数高表示人格外向，可能是好交际、渴望刺激和冒险，情感易于冲动。分数低表示人格内向，可能是好静，富于内省，除了亲密的朋友，对一般人缄默冷淡，不喜欢刺激，喜欢有秩序的生活方式，情绪比较稳定。

88道题的成人版记分：（+）为正向记分，即答“是”加一分，答“否”不加分；（-）为反向计分，即答“是”不加分，答“否”加一分。

E量表（21道题）：（+）：1 5 10 13 14 17 25 33 37 41 49 53 55 61 65 71 80 84（-）：21 29 45

P量表（23道题）：（-）：2 6 9 11 18 22 38 42 56 62 72 88（+）：26 30 34 46 50 66 68 75 76 81 85

N量表（24道题）：（+）：3 7 12 15 19 23 27 31 35 39 43 47 51 57 59 63 67 69 73 74 77 78 82 86（-）：无

L量表（20道题）：（+）：20 32 36 58 87（-）：4 8 16 24 28 40 44 48 52 54 60 64 70 79 83

1. 你是否有广泛的爱好？

2. 在做任何事情之前，你是否都要考虑一番？

3. 你的情绪时常波动吗？

4. 当别人做了好事，而周围的人认为是你做的时候，你是否感到扬扬得意？

5. 你是一个健谈的人吗？

6. 你曾经无缘无故地觉得自己可怜吗？

7. 你曾经有过贪心使自己多得额外的物质利益吗？

8. 晚上你是否小心地把门锁好？

9. 你认为自己活泼吗？

10. 当你看到小孩（或动物）受折磨时是否感到难受？

11. 你是否常担心你会说出（或做出）不应该说（或做）的事？

12. 若你说过要做某件事，是否不管遇到什么困难都要把它做成？

13. 在愉快的聚会中你是否通常尽情享受？

14. 你是一位易被激怒的人吗？

15. 你是否有过自己做错了事反倒责备别人的时候？

16. 你喜欢会见陌生人吗？

17. 你是否相信参加储蓄是一种好办法？

18. 你的感情是否容易受到伤害？

19. 你是否服用有奇特效果或是有危险性的药物？

20. 你是否时常感到极其厌烦？

21. 你曾多占多得别人的东西（甚至一针一线）吗？

22. 如果条件允许，你喜欢经常外出（旅行）吗？

23. 对你所喜欢的人，你是否为取乐开过过头的玩笑？

24. 你是否常因自罪感而烦恼？

25. 你是否有时候谈论一些你毫无所知的事情？

26. 你是否宁愿看些书，而不想去会见别人？
27. 有坏人想要害你吗？
28. 你认为自己神经过敏吗？
29. 你的朋友多吗？
30. 你是个忧虑重重的人吗？
31. 你在儿童时代是否立即听从大人的吩咐而毫无怨言？
32. 你是一个无忧无虑逍遥自在的人吗？
33. 有礼貌、爱整洁对你很重要吗？
34. 你是否担心将会发生可怕的事情？
35. 在结识新朋友时，你通常是主动的吗？
36. 你觉得自己是个非常敏感的人吗？
37. 和别人在一起的时候，你是否不常说话？
38. 你是否认为结婚是个框框，应该废除？
39. 你有时有点儿自吹自擂吗？
40. 在一个沉闷的场合，你能给大家添点儿生气吗？
41. 慢腾腾开车的司机是否使你厌烦？
42. 你担心自己的健康吗？
43. 你是否喜欢说笑话和谈论有趣的事？
44. 你是否觉得大多数事情对你都是无所谓的？
45. 你小时候曾经有过对待父母鲁莽无礼的行为吗？
46. 你喜欢和别人打成一片，整天相处在一起吗？
47. 你失眠吗？
48. 你饭前必定先洗手吗？
49. 当别人问你话时，你是否对答如流？
50. 你是否喜欢在有富裕时间时早点儿动身去赴约会？
51. 你经常无缘无故感到疲倦和无精打采吗？

52. 在游戏和打牌时你曾经作弊吗？

53. 你喜欢紧张的工作吗？

54. 你时常觉得自己的生活很单调吗？

55. 你曾经为了自己而利用过别人吗？

56. 你是否参加的活动太多，已超过自己可能支配的时间？

57. 是否有那么几个人时常躲着你？

58. 你是否认为人们为保障自己的将来而精打细算、勤俭节约所费的时间太多了？

59. 你是否曾经想过去死？

60. 若你确知不会被发现，你会少付给人家钱吗？

61. 你能使一个联欢会开得成功吗？

62. 你是否尽力使自己不粗鲁？

63. 你是否曾经坚持要照你的想法去办事？

64. 当你去乘火车时，是否最后一分钟到达？

65. 你是否容易紧张？

66. 你常感到寂寞吗？

67. 你的言行总是一致吗？

68. 你有时喜欢玩弄动物吗？

69. 有人对你或你的工作吹毛求疵时，是否容易伤害你的积极性？

70. 你去赴约会或上班时，是否曾经迟到？

71. 你是否喜欢在你的周围有许多热闹和高兴的事？

72. 你愿意让别人怕你吗？

73. 你是否有时兴致勃勃，有时却很懒散不想动弹？

74. 你有时会把今天应该做的事拖到明天吗？

75. 别人是否认为你是生机勃勃的？

76. 别人是否对你说过许多谎话？

77. 你是否对有些事情易性急生气？

78. 若你犯了错误你是否愿意承认？

79. 你是一个整洁严谨、有条不紊的人吗？

80. 在公园里或马路上，你是否总是把果皮或废纸扔到垃圾箱里？

81. 遇到为难的事情你是否拿不定主意？

82. 你是否有过随口骂人的时候？

83. 若你乘车或坐飞机外出时，你是否担心会碰撞或出意外？

84. 你是一个爱交往的人吗？

85. 你常需要热心的朋友与你在一起使你高兴吗？

86. 你曾经损坏或遗失过别人的东西吗？

87. 你喜欢乘坐开得很快的摩托车吗？